Música
de las
Grullas

Una historia natural de
las grullas de América

Música

de las

Grullas

Una historia natural
de las grullas de América

Paul A. Johnsgard

University of Nebraska–Lincoln

Traducido por:

Enrique H. Weir
Karine Gil-Weir

Zea Books
Lincoln, Nebraska
2014

ISBN 978-1-60962-054-7 paperback

ISBN 978-1-60962-055-4 ebook

Titulo original:
Crane Music: A Natural History of American Cranes

Set in Georgia types.
Design and composition by Paul Royster.

Zea Books are published by
the University of Nebraska–Lincoln Libraries

Electronic (pdf) edition available online at
http://digitalcommons.unl.edu/zeabook/

Print edition can be ordered from Lulu.com, at
http://www.lulu.com/spotlight/unllib

Revised edition, June 2015

Contenido

I. Prólogo 7

II. Música de las grullas 11

III. La grulla gris (sandhill crane) 37

IV. La grulla blanca (whooping crane) 81

V. Las grullas del resto del mundo 121

VI. Epílogo 155

VII. Referencias 158

VIII. Sitio web de fuentes de información sobre las grullas 179

Reconocimiento

Queremos darle un reconocimiento al

Profesor Clark Casler

por la lectura y sugerencias hechas
en la edición en español.

I. Prólogo

Han pasado casi cuatro décadas desde que escribí mi monografía general "Grullas del Mundo". Durante este tiempo han ocurrido cambios considerables en las poblaciones de grullas del mundo y en el conocimiento que tenemos acerca de la biología de las grullas. Así por ejemplo, en el momento que escribí mi libro a finales de los 70 y principios de los 80, sólo existían alrededor de 100 grullas blancas en la naturaleza, y en un esfuerzo conjunto canadiense-estadounidense, apenas se estaba comenzándo a desarrollar otra población criada en condiciones de cautiverio en el estado de Idaho. Por esta misma época se estaba estableciendo el primer santuario importante para la grulla en el río Platte, y se estaban iniciando una serie de estudios, con financiamiento privado y fondos federales, sobre la ecología del rio y de las poblaciones de la grulla gris durante la primavera.

Poco después de terminar el libro, me pidieron que escribiera un ensayo general de la biología de la grulla y de algunos relatos cortos sobre las grullas del mundo, que fueron publicados junto con una selección de pinturas al óleo de tamaño natural de las grullas, hechas por el fallecido artista inglés Philip Rickman y de propiedad de mi amigo y compañero aficionado a las grullas Christopher Marler. Desafortunadamente, este proyecto nunca se llevó a cabo y el manuscrito fue dejado de lado por algunos años. En 1988, un editor del Smithsonian Institution Press me preguntó si podía considerar hacer un libro semi-popular para ellos y sugerí en ese momento que un relato sobre las grullas, especialmente de las grullas de

América del Norte, podía ser un tema interesante. Para ese momento, yo estaba escribiendo un guión para un documental de televisión filmado por Thomas Mangelsen acerca de las grullas, y me pareció que una versión ampliada de este, junto con uno similar sobre la grulla blanca, además de mis manuscritos inéditos sobre las grullas que había desarrollado anteriormente, podía fácilmente ponerlos juntos convertido en un pequeño libro.

A pesar de que varios libros populares acerca de la grulla blanca han aparecido en los últimos años, la divulgación de conocimientos sobre la grulla gris ha sido esencialmente abandonada. Esta situación a la par de sorprendente ha sido desafortunada, puesto que esta especie tiene una distribución de mayor amplitud y es muy abundante, y por tales razones, la gente común tendría grandes oportunidades de observarlas en su medio natural. Además, la grulla toca fibras especialmente sensibles para mi, más que cualquier otra especie de ave. Yo la asocio con el estado de Nebraska y el río Platte, los cuales son lugares muy queridos para mí. Nebraska es mi estado de adopción, y su río más importante, el Platte, es mi favorito entre todos los cientos de ríos del mundo que he visto, desde el Amazonas hasta el Yukon. De la misma manera que la grulla blanca es una especie en peligro de extinción, el Platte es un río en peligro de extinción, y una razón suplementaria para escribir este libro es señalar una vez más los vínculos ecológicos innegables que unen las grullas, el río Platte (y un sinnúmero de otros humedales), y toda la humanidad.

Mi pasión por las grullas se inició en la primavera de 1962, poco después de haber llegado a asumir las tareas docentes en la Universidad de Nebraska, después de completar los estudios postdoctorales en Inglaterra. En un sábado mágico de marzo, manejé con un estudiante de postgrado hasta el valle central del Platte, al oeste de Grand Island, tanto para ver la migración primaveral de aves acuáticas como la de las grullas grises. En ese momento, las grullas habían recibido muy poca publicidad como un espectáculo de observación de aves. No obstante, sentí que debía investigarlos. Tal vez fue una suerte que yo no estuviera preparado emocionalmente para ver como innumerables grullas salpicaban el cielo de horizonte a horizonte, o girando grácilmente sus cabezas como si estuvieran atrapados en algún torbellino de ultra cámara lenta, su vibrato produce una cadencia descendente como la música de un coro aviar angelical. Desde los días de mi infancia, cuando, por primera vez, vi una migración primaveral de grandes bandadas de gansos nivales y gansos canadienses llegando a las praderas húmedas del este de Dakota del Norte, no había estado tan completamente cautivado, y fue sin duda en este día de particular epifanía que me di cuenta de que las grullas serían tan importantes para mi bienestar como mis muy amadas aves acuáticas.

En 1981, traté de poner un poco de mis sentimientos sobre grullas en un pequeño libro, *Those of the Gray Wind: The Sandhill Cranes.* Este libro es tanto una historia sobre las actitudes humanas hacia la naturaleza en general, como de las aves en particular, ya que trata de las grullas. Ahora, cinco décadas después de la primera vez que vi a las grullas en el Platte, sigo presenciando el retorno de estas aves en la primavera como parte de mi ritual anual, asi como son la Navidad y el dia de Acción de Gracias, y tal vez es incluso más gratificante. Al igual que doy regalos de Navidad, disfruto mucho más las grullas del Valle de Platte cuando las puedo presentar a otros como un regalo especial, y detecto en ellos el mismo sentido de descubrimiento y enorme placer que conozco muy bien y siento tan profundamente. Es por estas razones como ésta que he escrito el presente libro.

En el curso de la redacción de este libro, varias personas me han ayudado. Mi amigo y ex estudiante Tom Mangelsen y yo hablamos durante muchos años de hacer un documental de televisión sobre grullas y parte del texto de este libro se deriva de las imágenes maravillosas que el obtuvo en el proceso de realización de esta película. Además, Tom y yo hemos pasado más tiempo sentados (quizás más exactamente, escondidos) en los refugios de observación de las grullas de lo que me gustaría admitir, discutiendo grullas, aves acuáticas, y el mundo en general, y tal vez llegando a entendernos mejor de lo que cualquiera de nosotros podría tener la esperanza de entender sobre las grullas. Debo también, sin duda, dar gracias al Dr. George Archibald, cofundador y director de la International Crane Foundation, por sus buenos consejos y útiles comentarios sobre el manuscrito. Él y nuestro común amigo, el difunto Ron Sauey, también me llevaron a las instalaciones de la International Crane Foundation en varias ocasiones, y ellos y sus obras han proporcionado un punto de convergencia para todos los biólogos y conservacionistas interesados en las grullas.

Desde hace algunos años, la Dra. Karine Gil-Weir y yo hemos discutido la conveniencia de traducir *Música de las Grullas* (*Crane Music*) al español. Después que el Smithsonian Institution Press me devolvió los derechos de autor del libro, he añadido una serie de nuevas referencias y actualizado la información del estatus de la población de todas las grullas del mundo. Desde ese entonces, le pregunté a los Drs. Enrique Weir y Karine Gill-Weir si querían elaborar una traducción al español de todo el texto, a lo que ellos accedieron gentilmente. Y luego, pedimos a Paul Royster, University of Nebraska–Lincoln Libraries, si él podría considerar este libro para su inclusión en Commons Digital de ONU-L, lo cual él muy amablemente aceptó.

Todas estas personas, y otras quienes bien podría igualmente mencionar, tienen el tipo de amor apasionado por las grullas al que puedo entender y que yo comparto. Espero que en el transcurso de la lectura de este libro unas cuantas personas adicionales podrían llegar a desarrollar estos mismos sentimientos por las grullas y sus hábitats especiales, que año tras año se encuentran cada vez más amenazados. Desde mucho antes de los tiempos medievales, las grullas han sido consideradas mensajeros de los dioses, desde las alturas llamándonos abajo a los humanos para recordarnos del paso de los años y de su propia mortalidad. Ahora, le toca a los seres humanos asumir la responsabilidad para el control de nuestro propio destino, y también para clamar por la protección no sólo de las grullas, sino también de todas las otras criaturas maravillosas que comparten con nosotros nuestra frágil tierra.

II. Música de las grullas

Las grullas son como objetos mágicos, cuyas voces penetran en la atmósfera de las áreas naturales del mundo, desde la tundra ártica a la sabana del África del Sur, y cuyas huellas han quedado en los humedales del mundo durante los últimos 60 millones de años o tal vez más. Ellas han servido como modelos para las danzas tribales humanas en lugares tan remotos como el Mar Egeo, Australia y Siberia. Los silbatos hechos de los huesos de sus alas han infundido coraje a los guerreros Crow y Cheyenne, de las Grandes Planicies de América del Norte, que ritualísticamente volaron sobre ellos mientras cabalgaban a las batallas. La cautela, el gregarismo y la regularidad de los movimientos migratorios de estas aves, han cautivado los corazones de la gente desde la época medieval y probablemente mucho antes, y su sagacidad y el complejo comportamiento social han servido de base en el folklore y los mitos en varios continentes. Su gran tamaño y apariencia semejante a la humana tal vez ha sido una de las principales razones por la cual hemos estado tan maravillados de las grullas, y por la que hemos tendido a conferirles tantos atributos humanos.

Las grullas han servido de base para un sorprendente número de palabras en inglés que ya no se asocian con ellas. La palabra griega para grullas, geranos (o gereunos), al parecer, se basa en el mito de que las grullas libraban constantemente la guerra con una tribu de pigmeos, cuyo gobernante fue llamado Geranio y fue transformado por Juno y Diana en una Grulla por descuidar a los dioses. Un mito similar en la India se refiere a la guerra entre los enanos y la fabulosa ave garuda.

La planta de geranio se llama así por la semejanza de su larga y puntiaguda cápsula de semillas con el pico de una grulla. Los romanos se referían a las grullas como "grues", al parecer, por el sonido de sus llamadas. De la palabra latina relacionada *congruere*, que significa estar de acuerdo, se deriva la moderna del inglés "congruence", y ambos se asocian al comportamiento altamente coordinado y cooperativo típico de las grullas. Del mismo modo, "pedigree" se deriva del francés *pied de grue,* que significa "pie de una grulla", y se basa en el patrón de ramificación característica de una genealogía. Por último, "hoodwinking" se deriva de la práctica de coser los ojos cerrados de las grullas capturadas con el fin de que puedan ser más fácilmente domadas y engordadas para su consumo.

Las grullas han sido míticamente asociadas con la creación de varias de las letras del alfabeto griego. Así, el héroe Palamedes supuestamente era capáz de idear varias letras griegas simplemente observando las circunvoluciones de bandadas de grullas. Un mito semejante le da el crédito al dios Mercurio por inventar el alfabeto griego, tras observar el vuelo de las grullas.

Los vuelos migratorios de las grullas probablemente han sido observados con interés por los seres humanos durante miles de años, tal vez porque las grullas emigran por lo general durante el día, y también porque por lo general se organizan en formaciones coordinadas durante esos vuelos. Edward Topsell (1572-1625), quien recopiló toda la información entonces disponible sobre la historia natural de aves, mamíferos y otros animales conocidos por el mundo antiguo, escribió largamente sobre las formaciones de las grullas. El creía que el ave al frente de una formación de tales caracteristicas actuaba como capitán, y que todas las aves subordinadas del grupo se organizaban de tal manera que evitaban el bloqueo de su vista. Entre varias de las aves más viejas supuestamente se turnaban en el liderazgo de la bandada. Topsell erróneamente creyó que, si un miembro de la bandada se cansaba, se mantenia en vuelo extendiendo su cuerpo sobre el dorso, alas y patas de otros miembros de la bandada. También, se ha creído en muchas culturas que las grullas en sus migraciones ayudaban a transportar pájaros más pequeños llevándolos sobre sus espaldas.

Varios de los primeros que escribieron sobre las grullas propusieron que estas probablemente ingerian grandes piedras o arena antes de comenzar un largo vuelo, con la idea de que esas piedras servirían como lastre y evitarían que las aves fueran zarandeadas por ráfagas de viento. Se creía que al final de estos vuelos las aves arrojanban las piedras o arena. Otros autores creían que las piedras eran llevadas por las garras, de las que se podrían soltar fácilmente cuando ya no se necesitaban. Una visión igualmente generalizada era que una bandada de grullas dormía en la noche sólo después de colocar uno o más aves "centinelas", que se mantendrían en una pata y sostendrían una pesada piedra en las garras de la otra pata. Si una de estas aves se dormia, dejaría caer la piedra, lo que ayudaría a despertarla a ella y a los otros pájaros de la bandada. Esta idea dio lugar a un cuento de moral cristiana, en el sentido de que los cristianos debian imitar a las grullas en su comportamiento vigilante, y no caer en el pecado de la misma manera que una grulla evitaba quedarse dormida para evitar dejar caer su pesada piedra. Con tal anclaje, los fieles podrían encontrar su camino en la vida con seguridad, y al llegar a los cielos, el lastre se convertiría en oro. En efecto, en la heráldica y en las tallas de piedra de algunas catedrales medievales, a menudo se pueden encontrar imágenes de las grullas transportando las piedras.

Aun con más frecuencia que en la iglesia cristiana, las grullas han permeado las religiones y mitologías de las culturas orientales. "Una danza de las grullas blancas" se realizaba en China por lo menos desde el año 500 a.C., y en ese país se creía generalmente que las grullas y los dragones transportaban al cielo las almas que estaban destinadas a la inmortalidad. También se creía que los viejos pinos a veces se transformaban en grullas, o viceversa, ambos son muy longevos. En efecto, en el arte chino y japonés, es un tema recurrente el de asociar los árboles de pino con las grullas, y estos iconos en general han llegado a simbolizar larga vida, felicidad, constancia, y amor. Debido a la creencia de que las grullas ayudan a llevar a un alma al paraíso, un gancho para el cabello en forma de grulla es colocado en el pelo de una mujer fallecida, y una representación de una grulla puede ser colgada en la ventana de una casa donde se ha producido una muerte.

Debido a su estatus de veneración, las grullas eran rara vez matadas y comidas en el Oriente, aunque en la India a veces eran sacrificadas. En Egipto, las aves eran capturadas para ser comidas, junto con otras aves acuáticas. Por otra parte, en el Templo de Deirel – Barari, hay una pintura mural de grullas caminando cautivas entre los esclavos, con el pico de cada grulla atado al cuello, alterando así su equilibrio incapacitándolo para volar. Otras ilustraciones de grullas damisela en cautiverio se encuentran en tumbas egipcias que datan desde la 5ta a la 18va dinastía. Las grullas también fueron capturadas y domesticadas en la antigua Grecia, lo apreciamos asi en un jarrón griego en el Museo Hermitage de Leningrado, donde se representa una escena de una mujer que ofrece un bocado a una grulla domesticada o en cautiverio. Al menos desde la tardía edad de hielo en Gran Bretaña, las grullas fueron matadas y comidas por los humanos; se han encontrado huesos de grullas en sedimentos de esa época en cuevas británicas y huesos de una grulla ahora extinta del tamaño de una grulla saurus se han encontrado en sedimentos asociados con actividades humanas del Pleistoceno tardío en Gran Bretaña y Francia, del periodo neolítico en Alemania, y de las edades del bronce y hierro en Gran Bretaña. Puesto que estos huesos eran de diferentes tamaños, se ha sugerido que tal vez los habitantes de estos sitios podian haber criado polluelos de estas grulla para su consumo. Posiblemente ya en el período Chou, hace unos 2.200 años, las grullas fueron criadas en cautiverio por la realeza china.

Los cuentos de la antigua Grecia incluyen muchas historias de grullas. Por ejemplo, se cuenta que en Tesalia, grullas y cigüeñas a veces se alimentaban de serpientes y así ayudaban a proteger a la gente. Como resultado, en esa región estaba prohibido matar a estas aves, una práctica que se conocía como antipalargia (de los palargos griegos, o cigüeña). Del mismo modo, una montaña en la península Magaris fue nombrada Gerania (ahora Yerania), porque los habitantes de allí siguieron las llamadas de las grullas hacia terrenos más altos después de una inundación. La historia de la muerte de Ibycus es aún más conocida, este poeta de Reggio fue atacado por ladrones y herido de muerte. Mientras agonizaba, vio hacia arriba una bandada de grullas migrando, y con su último aliento, les dijo a los ladrones que las grullas habían visto su asesinato y que vengarían su muerte. Más tarde, en el mercado de Corinto, uno de los ladrones llegó a ver una bandada de grullas y gritó con miedo a sus amigos: "¡He aquí las grullas de Ibycus! que vinieron a ser oídas", los hombres fueron interrogados, detenidos y posteriormente confesaron el asesinato de Ibycus.

De una manera algo similar, el avistamiento de grullas se ha asociado con la muerte en varias otras culturas. Por ejemplo, los esclavos de la América del Sur creían que si una grulla sobrevolaba una casa tres veces, alguien en esa casa pronto moriría. Una antigua contraparte de esta creencia lo menciona el relato de Plinio, en el cual el ave más antigua de una bandada de grullas volaría en círculo tres veces antes de que la bandada debiera partir en la migración para luego caer y morir de agotamiento. Tal vez éstas y otras historias se derivan del hecho de que antes de la migración las grullas, de hecho, pasan mucho tiempo dando vueltas en las corrientes térmicas en los días soleados, y remontan las corrientes térmicas a grandes alturas inmediatamente antes de emprender largos viajes migratorios.

Los viajes migratorios actuales de las grullas no son menos interesantes de lo que imaginamos fueron para la gente de la época medieval. En los últimos años, ha sido posible seguir estos movimientos muy de cerca, mediante el uso de radares o dispositivos radiotelemétricos o siguiendo bandadas migratorias en pequeños aviones. Ahora se sabe, por ejemplo, que durante las migraciones, la grulla común, y probablemente la mayoría de las otras grullas, utilizan al máximo su habilidad de ascender "flotando," gracias al potencial de elevación de los vientos térmicos, para luego deslizarse en estrecha formación a grandes distancias, mientras andan en la búsqueda de otra corriente térmica. La grulla común puede asi elevarse a alturas de más de 6,500 pies, mientras están dentro de las corrientes térmicas, y sus habilidades de escalar ayudados por la corriente térmica son especialmente valiosas entre los 1.500 y 5.000 pies. Mediante el uso de radiotelemetría, se ha encontrado que la grulla gris mayor puede volar sin escalas tan lejos como 360 millas, durante un período de 9.5 horas, un promedio de unos 38 millas por hora. Esto, en general, coincide con velocidades de 37 a 52 millas por hora estimadas para la grulla común. Observaciones sobre la migración de las grullas blancas indican que en estos se producen similares patrones diarios de migración, con viajes reportados de hasta 510 millas en un solo día, pero la mayoría de los movimientos diarios son menos de 200 millas y con una duración de alrededor de seis horas y media.

En el caso de la grulla gris, las aves prefieren volar durante días soleados a parcialmente nublados. Ellos usualmente aterrizan antes de que oscurezca, y por lo general, comienzan a llegar a los sitios de descanso o pernocta alrededor de la puesta del sol. Casi todo el vuelo migratorio de esta especie tiene lugar en altitudes inferiores a los 2,000 metros (6,000 pies), por lo general entre aproximadamente 1,000 y 3,000 pies. Estas alturas son lo suficientemente altas que permiten que puntos de referencia sean visibles desde grandes distancias y colocan a los pájaros muy por encima de las turbulencias o de obstáculos en la tierra. Las aves también eligen estos días para los vuelos migratorios cuando pueden utilizar los vientos en la dirección de su ruta migratoria evitando los vientos cruzados o los frentes de vientos en contra. En las raras ocasiones en que las grullas grises se han observado migrando bajo condiciones inclementes del tiempo, las presiones barométricas han ido en aumento en las zonas hacia las cuales las aves estuvieron volando. Igualmente notable, es que las grullas grises han sido observadas interrumpiendo la migración más temprano en el día, al detectar el mal tiempo, antes de que este haya llegado realmente.

El tamaño de las bandadas de las grullas durante la migracion varía mucho, probablemente influenciado por factores tales como el tamaño total de la población, los niveles de tolerancia social o gregarismo en las especies, los grados de perturbación en los dormideros y en las zonas de alimentación y la época del año. En las grullas blancas, por ejemplo, las bandadas en la primavera son en promedio algo mayor que las bandadas en el otoño, pero en ambas estaciones el tamaño promedio de las bandadas es bastante pequeña, 3.1 y 2.6 grullas respectivamente. Los tamaños de las bandadas de grullas grises en los campos de forrajeo durante la migración de primavera en Nebraska también suelen ser pequeñas. Más de las tres cuartas partes de estas bandadas no llegan a tener más de 50 aves, y grupos de dos o tres aves probablemente representan parejas o grupos familiares, las unidades sociales más comunes. Sin embargo, las bandadas en los dormideros son mucho más grandes. A veces estas enormes bandadas de aves permanecen paradas en las seguras aguas someras del río, unos 15,000 individuos o más. Estas grandes cifras reflejan las relativamente pocas zonas del río Platte que aún constituyen hábitats ideales para pernocta, y el hacinamiento resultante de las aves en estos tramos estrechos del río.

El principal factor que afecta la sincronización diaria de vuelos a los dormideros es el nivel de luz, y la mayoría de las aves que llegan al lugar de descanso al atardecer, casi todas ellas lo hacen dentro de los 15 minutos después de la puesta del sol. Regresos con retraso al dormidero ocurren con mayor frecuencia en condiciones de cielo despejado, de moderada a alta temperatura y sin viento. Del mismo modo, las salidas matutinas desde los dormideros están asociadas con la salida del sol; generalmente más de la mitad de las aves dejan el sitio de pernocta en la primera media hora después del amanecer, y casi todas se han marchado durante la primera hora. Sin embargo, densas nubes, la niebla, la lluvia y vientos fuertes tienden a postergar la salida por la mañana. A juzgar por las limitadas observaciones en otras especies de grullas, el mismo patrón de actividad diurna parece ser típico para todas las grullas en general.

Las grullas alzan el vuelo luego de empezar a correr dentro de la corriente del viento, saltando finalmente en el aire y ganando poco a poco altitud. En vuelo, ellas presentan un aspecto claramente diferente al de los gansos, en que el aleteo es más superficial y el vuelo ascendente es notablemente más rápido que el vuelo descendente. Esta rápida carrera ascendente es especialmente conspicua cuando los pájaros están asustados, tratando de ganar altura rápidamente. Por otra parte, tal vez debido a un patrón menos elaborado de vuelo que en aves generalmente más pesadas, tales como gansos o cisnes, rara vez mantienen una formación fija por mucho tiempo, excepto cuando estan migrando a grandes alturas. En su lugar, el patrón de la bandada es constantemente ondulatorio y cambiante, sin ningun ave definida como líder del grupo en la mayor parte del tiempo. También, es visualmente muy diferente a los gansos la disposición muy cercana de las patas posteriores de las grullas pero extendidas en toda su longitud, aunque durante el tiempo frío no es raro que algunos de los miembros de la bandada, especialmente las aves jóvenes, tiendan a meter las patas hacia adelante dentro de las plumas del flanco y por lo tanto asumiendo un perfil sorprendentemente parecido a los gansos. El aterrizaje también lo hacen en contra del viento, con las piernas colgando en forma pendular, lo cual genera un centro de gravedad bajo y una mayor estabilidad, ya que la cola se extiende y las alas se ahuecan. De esta manera, las aves descienden como paracaídas casi verticalmente en su lugar de descanso, rompiendo finalmente el descenso en los últimos segundos al agitar las alas.

Mientras están volando, y especialmente durante los aterrizajes y despegues, las grullas emiten un clamor constante, lo que les permite mantener un contacto vocal a la pareja y miembros de la familia, en medio de la confusión de los movimientos de la bandada. A pesar de que aún no se ha demostrado, no hay duda de que las grullas deben ser capaces de reconocer a sus compañeros u otros miembros de la familia por sus características vocales, debido a que es común que las parejas puedan mantener el contacto por "conversación" entre ellos cuando están fuera del campo visual. Cuando los pájaros solitarios de alguna manera han sido separados de sus grupos

Llamada al unísono de la grulla gris mayor.

sociales, es común verlos volar ida y vuelta sobre las bandadas en los dormideros, llamando casi constantemente.

En efecto, es el llamado mutuo de las parejas de grullas que proporciona una clave básica para la comprensión de su vinculación social, y ningún observador de grullas puede empezar a entender sus interacciones sin tener alguna apreciación de la importancia de este comportamiento de llamado mutuo. Aunque hay varias otras llamadas de contacto entre grullas, la más importante de ellas es la “llamada al unísono.” Esta convocatoria, que se desarrolla durante el segundo o tercer año de vida, es una serie compleja y extendida de notas pronunciadas por las aves emparejadas. Es pronunciada en una secuencia coordinada de tiempo, con las aves erguidas en dos patas, típicamente también en una postura distintiva y una relación espacial específica del uno con el otro. Esta postura es siempre en posición erecta y en alerta, con las alas plegadas y las primarias a menudo cayendo, mientras que las plumas interiores alargadas y ornamentales “terciarias” se levantan. Las aves están orientadas una al lado de la otra o una frente a otra. La secuencia de llamada "al unísono" puede durar desde unos pocos segundos hasta un minuto o más. Las vocalizaciones asociadas suelen ser más fuertes y más penetrantes que cualquiera de las llamadas de la especie. En algunas especies, tales como las grullas coronadas africanas (género *Balearica*), la garganta se expande en forma variable para servir como una caja de resonancia, mientras que en la mayoria de las especies del género *Grus*, la tráquea es la que se alarga variablemente cumpliendo con un papel similar de agente primario de resonancia.

Aunque existen grandes diferencias entre las especies de grullas, es habitual que un determinado sexo dé inicio a la llamada, muy pocos del otro sexo se unen, a menudo la llamada es en contrapunto con su compañera. Muy a menudo las hembras vocalizan llamadas más cortas, y en el género *Grus* la hembra por lo general emite dos llamadas por cada llamada del macho. Sin embargo, en los géneros más "primitivos" de las grullas, las notas de la llamada tienden a ser de bastante corta duración, en ambos sexos. En la mayoría de estas grullas, excepto *Grus*, la tráquea es relativamente corta, y las llamadas típicamente carecen de resonancia y del desarrollo armónico asociado. Al igual que en varios cisnes, tales como los cisnes trompetistas y de tundra, el aumento de la longitud traqueal en las grullas se correlaciona con un aumento de volumen y la resonancia de sus vocalizaciones primarias, aunque los medios exactos por el cual se consigue este efecto acústico todavía están en discusión. Las especies de grullas con las llamadas al unísono más fuertes y más penetrante (grulla blanca, grulla japonesa y grulla sarus) son aquellos que combinan un tamaño relativamente grande con un patrón de plumaje llamativo, altos niveles de territorialidad, y baja tolerancia social durante la anidación, además de tener alargada en gran medida las estructuras traqueales. Tipos similares de correlaciones se aplican a los cisnes con variables estructuras traqueales alargadas.

Estas observaciones y correlaciones sugieren que la llamada al unísono tiene una variedad de funciones sociales. Quizás lo más importante es que parece ser un mecanismo básico para la unión de una pareja y de su mantenimiento, y al menos en algunas especies también puede servir como un dispositivo importante de reconocimiento de sexo. También sirve como un anuncio de llamada territorial y como una llamada general de amenaza, ya que es a menudo estimulada por la intrusión de un enemigo potencial en el área de reproducción de una pareja establecida. Además podría servir como un mecanismo de sincronización para los miembros de la pareja, lo que ayuda a ponerlos en condición reproductiva al mismo tiempo. En las investigaciones recientes con la grulla gris, se tiende a confirmar esta idea. Evidentemente los machos entran en condición reproductiva cuando aumenta la duración del día, el desarrollo del ovario en las hembras requiere evidentemente una mayor estimulación a través del comportamiento de llamado al unísono con sus compañeros.

Una variedad de otros tipos de llamadas ocurren en la mayoría de las grullas. Los estudios realizados por el Dr. George Archibald sugieren que en el género *Grus* hay tres llamadas que son pronunciadas sólo por los polluelos, en comparación con ocho que son característicos de los adultos. En las especies que tienen voces adultas, especialmente fuertes y penetrantes, las aves jóvenes pasan por un período de "cambio de voz", cerca del final de su primer año, cuando las voces de tonos agudos de los juveniles son reemplazadas por las vocalizaciones de tonos mucho más bajos y más guturales. Ningún cambio anatómico aparente en la longitud o en la estructura de la tráquea se produce en esta edad, por lo que sigue sin aclararse el mecanismo fisiológico de este cambio vocal.

Además de las similitudes de llamadas, las grullas comparten una serie de patrones de conducta "egocéntricos" o individualistas que son bastante uniformes en todo el grupo. Todas las grullas, excepto los polluelos, suelen dormir parados, a menudo con una pata levantada. Sin embargo, tanto aves jóvenes como adultas a veces pueden descansar o dormir en una postura sentada, con las patas dobladas debajo y el abdomen apoyado sobre el sustrato. Esta es también, por supuesto, la postura de incubación, con la cabeza descansando cómodamente en el pecho, o más baja casi hasta el suelo, cuando el ave que esta incubando está tratando de evitar la detección. Mientras duermen, las aves suelen meter sus picos en sus escapula, pero durante la incubación casi nunca duermen, y el ave que esta incubando parece estar constantemente alerta ante el peligro. En ocasiones, una grulla parada puede descansar sobre sus "talones", aunque esta postura no es tan común como lo es entre algunas aves zancudas más pesadas tales como las cigüeñas.

Como casi todos los pájaros, las grullas beben sumergiendo rápidamente sus picos para luego inclinarlo hacia arriba para tragar. Las semillas y los insectos lo obtienen del sustrato por picoteo o por excavación y sondeo con la punta del pico. Antes de despegar, las grullas suelen adoptar una postura de "intención" en la que la cabeza y el cuello extendido son gradual-

Grulla gris menor

mente bajados hasta una posición casi horizontal. Esta postura distintiva puede ayudar a coordinar el vuelo en un grupo, o al menos advertir a otros cercanos que uno de sus miembros de la bandada está a punto de despegar. Las grullas también realizan varios comportamientos de estiramiento. Estos incluyen el estiramiento simultáneo de una de las alas y la pata en el mismo lado del cuerpo, las dos alas estiradas sobre la parte posterior (con la cabeza y el cuello abajo y al mismo tiempo extendido hacia adelante), y similarmente las dos alas estiradas pero sin bajar la cabeza.

Todas las grullas se acicalan de una manera consistente. Este comportamiento consiste en un mordisqueo, alisamiento y reordenamiento de las plumas del ave, al cual también está asociado un comportamiento de lubricación, los cuales ejecuta mediante el empleo del pico en posicion ligeramente abierto. En algunas especies de grullas (especialmente la grulla gris, y en menor grado la grulla común), se observa un interesante comportamiento exhibido por los adultos en condición reproductiva inmediatamente antes de la anidación. En la grulla gris las aves "pintan" casi la totalidad del plumaje de su cuerpo con barro o vegetación en descomposición que esparcen con sus picos, tiñendo poco a poco su plumaje básicamente gris en un color marrón a rojizo marrón. De esta manera todo el pájaro toma finalmente un aspecto que coincide con el color de su sustrato de anidación constituido por pasto muerto. Durante el otoño y el invierno, las plumas manchadas se pierden gradualmente con la muda, por lo que el proceso debe repetirse anualmente. La grulla común se pinta con menos intensidad que como lo hace la grulla gris, y probablemente la grulla monje y la grulla cuellinegra se pintan en algún grado. Sólo en escencia una grulla de blanco plumaje, la grulla siberiana, se conoce que presenta un comportamiento similar, y en esta especie la tinción se limita, sobre todo, a la región inferior del cuello, a menudo produciendo un patrón semejante a una silla de montar.

El acicalamiento, ahuecamiento del plumaje, y actividades similares del cuidado del cuerpo también se producen en un contexto de "despliegue social" en la mayoría, o probablemente todas las grullas. Estos movimientos a menudo apenas se diferencian de los normales de no exhibición realizados en situaciones no sociales, y por lo general el observador casual lo pasa por alto. Sin embargo, estas se encuentran entre las señales visuales más importantes de las grullas, y una observación cuidadosa a menudo permite que el observador pueda obtener una comprensión más aguda de las interacciones sociales de una bandada de grullas, así como comparar las repuestas de las grullas a los seres humanos u otros animales.

Los comportamientos sociales más comunes de las grullas en situaciones agresivas consisten en movimientos de acicalamiento "rituales", que aparentemente pueden ser dirigidos hacia la parte posterior, las alas, u otra parte del cuerpo. Estos movimientos de acicalamiento se realizan en silencio, pero el pájaro en acto de acicalaminto rara vez dirige su vista hacia quien en realidad va dirigida la exhibición. A veces, el acicalamiento se entremezcla con el ahuecamiento del plumaje de la espalda, plumas de las alas interiores, o las plumas del cuerpo en general "abombadas," y por lo general la piel descubierta de la cabeza está expuesta al máximo y es intensamente roja durante ese comportamiento. Un despliegue semejante a una marcha con las patas rígidas es a menudo parte del repertorio agresivo, usualmente con el pico hacia abajo de manera que la corona desnuda se dirige hacia el oponente. En algunas grullas, el pájaro incluso puede agacharse en el suelo "agachado amenazando", con las alas un poco extendidas y la piel desnuda de la corona ampliada en gran medida. Una exhibición agresiva muy común es difundir o bajar alternativamente las dos alas mientras están enfrentando al adversario, especialmente en aquellas aves que están defendiendo su nido o sus juveniles. Estos despliegues a veces se califican como un comportamiento de "ala rota", en la que el pájaro se muestra como un señuelo ante un intruso a fin de alejarlo de las inmediaciones.

De todos los comportamientos sociales de las grullas, ninguno es más interesante o complejo que la "danza". El comportamiento de la danza se ha observado en todas las especies de las grullas, pero ha sido estudiado cuidadosamente en sólo unas pocas, y sus funciones siguen siendo controversiales y quizás variadas. Aunque esta danza es muy variable en la velocidad y la intensidad entre las grullas (especies más pequeñas, como la damisela, danza con mayor velocidad y vigor que las más grandes), pero parece tener componentes comunes en todas. Las dos más importantes consisten en el acto de bajar la cabeza casi hasta el suelo, mientras que al mismo tiempo elevan y despliegan las alas, y un movimiento de retorno repentino de la cabeza hacia arriba y repliegue de las alas. Un salto a menudo acompaña esta fase de retorno, en la que el ave puede recoger y tirar hacia arriba una rama o un trozo de vegetación. A veces dos aves realizan estas actividades sincronizados o casi sincronizadas, mientras están uno enfrente al otro o uno al lado del otro. En otras ocasiones, un solo pájaro puede bailar, o un grupo grande puede participar en la actividad en diferente grado de intensidad. El comportamiento tiende a ser contagioso, y un período de baile intenso puede difundirse rápidamente, a través de un grupo social. La danza a veces conduce al vuelo, especialmente cuando es estimulada por una fuente de amenaza externa, tal como la aparición de un potencial depredador. La danza también lleva a la lucha entre los participantes. Puede ocurrir en cualquier época del año, y entre las aves de todas las edades. La danza es frecuente entre las aves que se están formando o que han formado recientemente vínculos de pareja, así que su posible papel en este proceso no puede ser desestimado. Sin embargo, la danza a menudo parece reflejar una sensación general de excitación o agresión limitada entre las grullas, y como tal, tiene funciones menos circunscritas que el cortejo.

Cualesquiera que sean las posibles funciones de la danza, no es un preludio directo a la fertilización. La cópula es aparentemente poco frecuente en las grullas y se limita al período inmediatamente asociado con la puesta de huevos. A juzgar por varias descripciones publicadas, la cópula puede ser iniciada por individuos de cualquier sexo, pero más a menudo lo comienza el macho. Este camina hacia su compañera en una postura distintiva de "desfile-marcha" con sus plumas terciarias en alto, su corona expandida, y su pico apuntando hacia arriba, todo lo cual le da una apariencia de hostilidad dominante. La hembra, si está receptiva, responde por extender un poco sus alas y manteniendo el cuello y el cuerpo en una postura un tanto diagonal. Esto proporciona una superficie más plana en la que el macho es capaz de pararse, después de saltar primero sobre la espalda de la hembra. El macho inclina sus “dedos” alrededor del borde frontal de las alas de la hembra, y agita sus alas para mantener el equilibrio, mientras trata de lograr un contacto cloacal. Después de la cópula, ambos sexos suelen participar en una exhibición postcopulatoria que puede durar hasta 20 segundos. Consiste en diversas formas de exhibición del ritual de amenaza, como fruncido del plumaje, acicalamiento y expansión de la corona. En la grulla japonesa, una elaborada reverencia mutua y arqueo del cuello son dos invariables exhibiciones postcopulatorias.

Grullas bailando

Las grullas son inusualmente aves de larga vida y tienden a colocar sus nidos cada año en el mismo o casi el mismo lugar que lo hicieron el año anterior. En base a los estudios de las grullas blancas marcadas, parece que las parejas experimentadas regresan a la misma “zona compuesta de anidación” (los territorios colectivos utilizados en los últimos años) para restablecer sus lugares de anidación, y que otras aves no pueden obligar a las parejas residentes a dejar estas áreas. Los nidos se construyen de la vegetación herbácea y están generalmente bastante cerca del agua o incluso a veces rodeados por aguas poco profundas. Los nidos que se construyen en el agua tienden a ser más voluminosos que los construidos en la tierra, y las dos especies que anidan en tierra firme (la grulla del paraiso y la grulla damisela) construyen poco o nada los nidos, poniendo sus huevos en una depresión poco profunda que puede, en la mayoría, contener algo de paja o guijarros. En todas las grullas, la incubación comienza con la puesta del primer huevo y ambos sexos participan de manera bastante equilibrada en esta. Los huevos son atendidos desde el principio de la incubación hasta que se produce la eclosión, lo cual varía desde un mínimo de 27 días a un máximo de 40 días en las diferentes especies, con un promedio de 31-33 días en la mayoría.

Dado que los huevos de las grullas se incuban desde el momento en que son puestos, y debido a que todos se ponen habitualmente con dos días de diferencia, los polluelos normalmente eclosionan en días diferentes. Por lo general, el primer polluelo que eclosiona permanecerá en el nido durante gran parte de su primer día de vida después de la eclosión, aunque puede dejar el nido durante un corto tiempo y ser atendido por el progenitor que no está incubando (normalmente el macho en este período), mientras que el otro continúa incubando. Excepto en las grullas coronadas, dos huevos constituyen la camada máxima (la grulla carunculada frecuentemente pone un solo huevo, y las grullas coronadas pueden poner hasta cuatro). El nido es típicamente abandonado poco después de la eclosión del segundo huevo, o incluso después de que el primer huevo ha eclosionado, en el caso de la grulla carunculada. Poco después de que el último polluelo ha eclosionado, la progenie es llevada por ambos padres lejos del sitio de anidación, a menudo muy protegido.

Durante el largo período de volantones ("prevuelo") de aproximadamente 60 a 150 días, las aves jóvenes van adquiriendo su plumaje juvenil, mientras que al mismo tiempo sus padres suelen experimentar su muda anual. Los adultos de la mayoría de las especies de grullas pierden sus grandes plumas de vuelo bastante abruptamente durante este período de la muda postnupcial y, por lo tanto, no pueden volar por un tiempo. Sin embargo, en unas pocas especies, por lo menos la damisela y las grullas coronadas, no ocurre este período de "no vuelo", ya que el período de muda de alas es mucho más prolongado. En otras grullas, esto parece estar relacionado con la edad y posiblemente también con las variaciones individuales en el patrón de muda de ala y por lo tanto el periodo de "no vuelo". Además, se ha sugerido que algunas grullas pueden mudar sus plumas de vuelo sólo en años alternos. En el caso de la grulla gris es evidente que las aves subadultas del segundo año por lo general no sustituyen ninguna de sus plumas de vuelo, excepto por unas pocas secundarias internas, y por lo tanto no dejan en absoluto de volar durante ese año. También, aún conservan algunas de sus coberteras juveniles, que le da un color anteado, que permite reconocer las aves representativas de este grupo de edad. Durante su tercer año, todas las secundarias y algunas primarias internas son sustituidas, pero conservan aún las primarias juveniles externas. Las coberteras primarias tipo anteadas están raramente presentes en este grupo de edad. Finalmente, después de su tercer año, hay un patrón irregular de muda de las plumas del ala, y estas aves de mayor edad exhiben una mezcla de plumas primarias desgastadas y no gastadas, que representan diferentes períodos de muda y generaciones de plumas.

Debido a los muy largos períodos de incubación y de las grullas como volantones, no es sorprendente que se complete un sólo ciclo de reproducción por año. Sin embargo, todavía se desconoce la incidencia de reanidación en parejas en la que falló la eclosión de su primera camada, por lo menos en las espe-

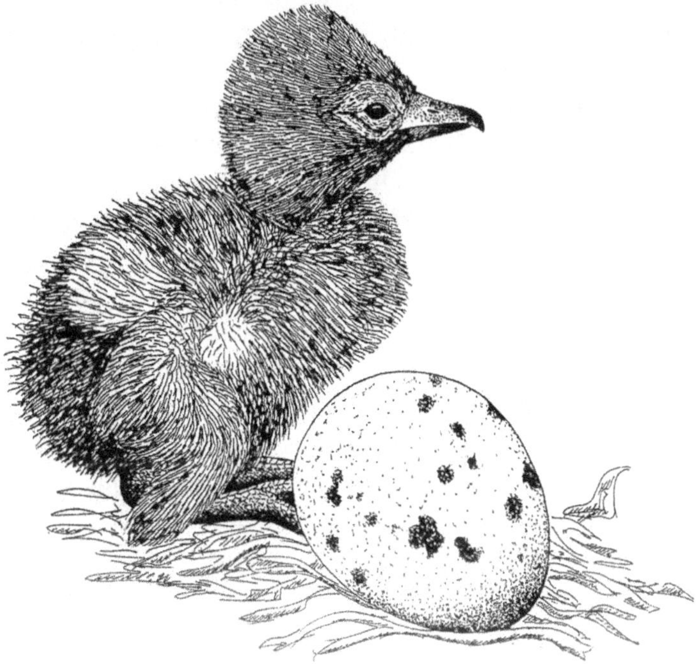

Huevo y polluelo de la grulla gris mayor

cies o razas que viven en climas bastante templados. Por ejemplo, la raza de Florida de la grulla gris presenta una extensión de siete meses en los registros de puesta de huevos, mientras que la población de Alaska exhibe sólo una extensión de cuatro meses. La mayoría de las grullas carunculadas, en la zona tropical de África, tienen una extensión de doce meses, con un período pico poco definido en los registros de huevos que ocurre entre mayo y agosto.

No sólo las grullas tienen un único esfuerzo reproductivo por año, sino que también exhiben un patrón de madurez reproductiva diferido. Hay poca información sobre la edad media de cría inicial entre la mayoría de las grullas salvajes, pero entre las grullas criadas en cautiverio, no es habitual que la grulla se reproduzca en menos de cuatro años después de su eclosión. El promedio de 11 machos y 14 hembras de diversas especies de grullas criadas en cautiverio fue un poco más de siete años, con un promedio de los machos ligeramente más rápido que las hembras. Sin embargo, las condiciones artificiales y el estrés de la cautividad probablemente no son un fiel reflejo de la situación en la naturaleza, y por lo tanto es probable que los individuos de al menos algunas de las especies se reproduzcan regularmente en su tercer año de vida. Los estudios sobre las grullas blancas muestran que dos machos de tres años de edad intentaron reproducirse sin éxito, pero engendraron al año siguiente. Una hembra produjo polluelos a los cinco años y otra a los seis años. En otro estudio que involucran parejas de grullas grises de Florida de 18 años de edad, las dos parejas más jóvenes procrearon en el otoño, a los cinco años de edad. Por otra parte, entre las 28 parejas de la gran grulla gris, las parejas jóvenes líderes que procrearon en el otoño tenían tres años, y 4 de las 17 parejas de este grupo de edad fueron observados con juveniles. Así, puede haber diferencias raciales en el logro de la madurez reproductiva en esta especie, pero esto todavía no está demostrado.

Dado el pequeño tamaño de la nidada y la aparentemente baja tasa de eclosión y de éxito de los volantones de las grullas grises, no es de extrañar que tengan tal vez la tasa de reclutamiento más baja de todas las aves que se consideran legalmente aves de caza en América del Norte. Esta estadística representa la proporción de aves jóvenes de la población cada otoño, y es una medida importante de éxito reproductivo. No es habitual que más de aproximadamente 10 por ciento de las poblaciones de las grullas más salvajes están contituidas por las aves del primer año, lo que significa que la tasa de mortalidad de adultos no puede elevarse por encima del 10 por ciento por año durante períodos prolongados sin efectos adversos significativos sobre las poblaciones. Sorprendentemente, poco se sabe de la estructura de edades relativas en la mayoría de las poblaciones silvestres de grullas, a pesar del hecho de que varias de ellas son raras o en peligro de extinción, y que por lo general es bastante fácil determinar visualmente la incidencia de las aves jóvenes en bandadas salvajes. Esta es un área donde los observadores de aves aficionados pueden proporcionar información muy valiosa para las agencias de conservación. Una medición indirecta pero precisa del éxito reproductivo, en las temporadas pasadas y en las proyecciones a largo plazo, pueden ser fácilmente obtenida mediante el monitoreo anual y de largo plazo de los cambios en las proporciones de edades de las grullas.

En el caso de la grulla gris mayor, la incidencia de los juveniles en las poblaciones se ha extendido recientemente a partir de aproximadamente el 5 por ciento (en una población que está declinando en el Valle Central de California) a aproximadamente 14 porciento (en las poblaciones en incremento de las Montañas Rocosas y zona oriental). En la grulla gris de Florida también se ha observado recientemente tasas de reclutamiento del 15 por ciento, mientras la raza pequeña de grulla gris tiene un promedio de entre 7 y 12 porciento y la grulla gris en Mississippi sólo alrededor del 2 porciento. Las tasas de reclutamiento en la bandada silvestre de grullas blancas, que migra desde Wood Buffalo a Aransas, han tenido en promedio de 15 por ciento entre 1945 y 1965, y un 11 por ciento durante el período de 1965 y 1985.

Hasta ahora, muy pocas grullas de la mayoría de las especies han sido marcadas para poder medir con seguridad sus tasas de mortalidad. Las observaciones de una población no cazada y marcada de grulla gris en Florida indican que entre los individuos que fueron anilladas como no-juveniles, alrededor del 25 por ciento sobrevivió durante al menos 7 a 8 años adicionales, y cerca del 10 por ciento de ellos todavía estuvieron vivos 9 a 10 años después del anillamiento. Estas observaciones sugieren que una tasa aproximada de supervivencia del 85 por ciento (o una tasa anual de mortalidad de 15 porciento) podria ocurrir en poblaciones protegidas de grullas post-juveniles.

La tasa anual de supervivencia para las dos décadas entre 1965 y 1985 entre las grullas blancas que han sido censadas anualmente en Aransas (lo que excluye todos aquellos juveniles que no vivieron el tiempo suficiente para llegar a Texas) ha promediado alrededor del 92 por ciento, en comparación con el 87 por ciento obtenido durante las dos décadas anteriores a

1965. Las tasas de supervivencia entre los juveniles son sustancialmente más bajos. Por ejemplo, las tasas estimadas de supervivencia de los polluelos desde la eclosión hasta que llegan a volantones, en Wood Buffalo Park, van desde un 25 por ciento hasta un máximo de 86 por ciento en varios años, y aproximadamente tres cuartas partes de las nuevas aves volantones sobreviven a su primera migración de otoño a Aransas National Wildlife Refuge (Refugio de Fauna Silvestre Nacional de Aransas). La supervivencia general desde el momento de marcación de los polluelos no volantones por los siguientes doce meses de vida es probablemente alrededor de 60-65 porciento. Por lo tanto, de todos los polluelos de la grulla blanca que eclosionan en Wood Buffalo Park, probablemente no más de un tercio a un cuarto de ellos sobreviven el tiempo suficiente para comenzar a reproducirse en unos cuatro o cinco años de edad.

Otro aspecto importante de la biología de la grulla de la que poco se conoce se refiere a su longitud efectiva de vida reproductiva. ¿Permaneceran las grullas reproductivamente activas durante el tiempo que viven, y de ser así, cuál será la máxima longevidad de las grullas salvajes? Es bien sabido que al menos en grullas en cautiverio se encuentran entre las de más larga vida de todas las aves. Hay muchos casos de grullas que se conocen que han sobrevivido más de 40 años en cautiverio, e incluso existe un caso de un macho de la grulla siberiana que se creía que tenía 83 años de edad cuando murió recientemente. ¡Hasta finales de los años 70 todavía estaba reproductivamente activo, fue progenitor de tres "hijos" a una edad estimada de 77 años!. Otro macho de la grulla de cuello blanco en la International Crane Foundation tiene más de 50 años de edad y es allí uno de los mejores productores de esperma (para inseminación artificial). Lo que se sabe de las tasas de mortalidad de las grullas salvajes sugiere que algunas aves son propensas a sobrevivir más allá de unos 25 años en condiciones naturales, por lo que es muy poco probable que cualquier grulla muera de vieja en la naturaleza, o se vuelven infértiles debido a la edad avanzada.

De las 14 ó 15 especies de grullas en el mundo (las grullas coronadas son consideradas por algunos autores como una especie y por otros como dos), dos han sido clasificadas como en peligro de extinción y amenazadas con la posible extinción por los organismos internacionales tales como: el International Council for Bird Protection (ICBP) y la International Union for Conservation of Nature and Natural Resources (ICUN). Se trata de la grulla blanca (whooping crane) y la grulla Siberiana. Otras tres especies (japonés, grulla monje y grulla de cuello blanco) se clasifican como "vulnerable", y una especie (la grulla cuellinegra) ha sido clasificada como de estatus "indeterminado". Conteos recientes de la grulla cuellinegra indican que su estatus se debe cambiar a "en peligro", mientras que quizás la grulla siberiana se puede catalogar de forma segura a la categoría de "vulnerable". Además de la grulla blanca, siberiana y cuellinegra, otras grullas con poblaciones mundiales totales probables de 5.000 o menos y probablemente vulnerables a la extinción incluyen el de las grullas: del paraiso, cuelliblanco, japonés, y carunculada. Así, más de un tercio de las especies de las grullas del mundo pueden ser consideradas como vulnerables o en peligro de extinción, y pocas o ninguna están totalmente seguras.

Los humanos han tratado de preservar las especies más raras de grullas de diversas maneras, tales como el establecimiento de santuarios en lugares críticos para su cría o estadía invernal y tratando de protegerlas de la caza a lo largo de sus rutas migratorias. Sin embargo, los problemas se ven agravados debido a las rutas largas y con frecuencia internacionales que las aves toman, lo cual a menudo requieren la cooperación de varios países diferentes en cuanto a la protección de los hábitats a lo largo de la ruta. Algunos de estos países están más desarrollados que otros y tienen diferentes grados de orientación en la conservación. Incluso en los paises más desarrollados, en última instancia, depende de que las personas (cazadores) reconozcan y se abstengan de disparar o molestar a estas aves sensibles. Dos de las grullas más raras del mundo, la grulla blanca y la grulla siberiana, proporcionan ejemplos de los problemas de la protección de estas especies de la extinción. Después de casi medio siglo de protección total y de las actividades de conservación intensiva, la grulla blanca está haciendo una lenta pero decidida recuperación de lo que parecía ser una extinción indudable a finales de 1930. En cambio, los primeros esfuerzos de conservación importantes de la grulla siberiana comenzaron en la Unión Soviética y la India hace sólo una década, cuando se creia que existían menos de 200 aves. El descubrimiento en 1980 (después de dos años de intensa búsqueda por los biólogos chinos) de una bandada invernal adicional de unas 100 grullas siberianas, en el bajo río Yangtze en la provincia de Jiangxi, al este de China, fue de gran importancia. En 1981, alrededor de 230 de las aves estuvieron presentes en esa localidad, junto con un número importante de grullas de cuello blanco y monje. Desde entonces, el tamaño de esta bandada invernal ha aumentado a más de 2.000 grullas siberianas en relativamente unos pocos años, trayendo esperanza de que este "lirio de aves" pronto se pueda retirar oficialmente de la lista de especies en peligro de extinción.

Cuando consideramos los costos y beneficios de salvar a las especies en peligro de extinción, es importante reconoces que las grullas se encuentran entre las más antiguas de los grupos de aves que viven y la grulla gris en particular, es la especie de ave existente en la actualidad que se califica como la más antigua de las especies existentes, basados en los restos fósiles atribuidos a esta especie que datan de cerca de nueve millones de años. Las grullas ya estaban en la escena cuando los primeros primates eran pequeñas y vacilantes criaturas semejantes a musarañas que bien podrían haberse escondido en sus propias sombras ante el miedo de ser comidas. Las grullas fueron testigos de la génesis de muchos de los principales sistemas fluviales del mundo, y la formación de las tundras, praderas y sabanas que muchos de ellos ahora llaman hogar. De hecho, hace unos pocos millones de años, las grullas de África oriental fueron sorprendidas cuando quizás algunas criaturas de espalda peluda de los bosques cercanos salieron hacia las sabanas y torpemente comenzaron a cosechar las semillas e insectos que las propias grullas habían sido tan eficiente en su consumo por millones de años.

Los vientos de cambio ya han ido y venido varias veces. Las grullas de Europa ignoraron la represión humana y la muerte negra de la Edad Media, las de Asia han sido testigos de una horda tras otra de invasores humanos desde las estepas de Asia central en busca de sueños de gloria, y las grullas de América del Norte han sobrevivido al saqueo de los recursos naturales del continente en un minisegundo del tiempo geológico. Durante los últimos siglos los seres humanos han logrado poner casi la mitad de las grullas del mundo en peligro, en el momento en que podamos escuchar sus llamadas etéreas, que deriva a lo largo del espacio y el tiempo en un grito inquietante y en alguna manera un llanto omnisciente que conlleva la autoridad de la historia y la urgencia de la realidad. Las grullas aprendieron hace mucho tiempo de la necesidad de la vida social en un mundo indiferente u hostíl, el valor del cuidado parental prolongado e intenso, y la preocupación por la seguridad de su bandada ante el peligro. Ellas han visto las cordilleras que se elevan y se desmoronan, han visto el surgimiento y caida de civilizaciones y se han enfrentado a grandes cambios climáticos que a veces trajeron a otros grupos de animales a la extinción. Sin embargo, ellas cada año danzan con una exuberancia que le da alegría a cualquier persona nada más al verlas, pues ni siquiera la imaginación permite tal visualización. Las grullas estacionalmente cruzan continentes enteros con una precisión que hace que nuestros mejores instrumentos parezcan insuficientes, y vuelan con una belleza impresionante que deben hacer que todos los pilotos le tengan un poco de envidia.

Los seres humanos se han asignado a sí mismos el privilegio de determinar cuál de las plantas y animales en peligro de extinción en el mundo vale la pena salvar y cuáles no. Al tomar estas decisiones, debemos ser capaces de ver más allá de lo obvio. Las grullas nunca se han dejado completamente domesticar, ni nunca van a proveer a la humanidad con una fuente de alimentos o huevos ilimitados. Ellas están aquí, en parte, para recordarnos que siempre deben existir algunos lugares salvajes en la tierra donde sólo los animales muy especiales puedan sobrevivir. Estos animales llevan consigo mensajes no verbales de esos lugares remotos y maravillosos que sólo ellos pueden visitar fácilmente. La mayoría de la gente nunca ha visto el Himalaya, ni la mayoría tienen la suerte de buscar grullas de cuello negro en la meseta tibetana. Sin embargo, tal vez sea suficiente saber que las montañas están allí, y que en algún lugar en medio de las montañas hay una maravillosa especie de grulla cuyo hogar es todavía en gran parte un misterio, y cuya vida está transcurriendo esencialmente al margen de la influencia humana.

III. La grulla gris (sandhill crane)

Breve historia de la grulla gris

La grulla gris entró primero oficialmente en el mundo de la ornitología en 1750 cuando George Edwards, en su Historia Natural de las Aves poco comunes, ilustró una grulla "marrón y cenizo" de los alrededores de la Bahía de Hudson, Canadá. Unos años más tarde, Linnaeus clasificó esta con las garzas dándole su primer nombre formal en latín, *Ardea canadensis*. Se sabe que los científicos le dieron este nombre hasta 1819, cuando se asignó a la grulla en el género *Grus*, y *Grus canadensis* sigue siendo el nombre latino dado a la grulla gris. Sin embargo, durante un largo período muchos ornitologos creían, John J. Audubon entre ellos, que dicho plumaje representaba simplemente una fase inmadura de la grulla blanca.

En 1794, E. A. Meyer describió una nueva variedad de la grulla en la Florida, la cual se creyó que representaba una nueva especie que llamó *Grus pratensis*. La nueva especie se basó en un breve relato de una "grulla de la sabana" (el nombre latino *pratensis* se refiere a su hábitat semejante-a sabana) del naturalista americano William Bartram, quien había encontrado el pájaro en Florida e informó que con este "hizo una excelente sopa". La grulla gris de Florida, como se conoce ahora esta raza, tiene un rango de distribución en la actualidad que cubre gran parte de la península de Florida y se extiende hacia el norte hasta el sur de Georgia, en las cercanías del pantano Okefenokee. Esta raza anidaba en el extremo sur de Louisiana, pero fue extirpada de este estado.

Entre las razas más grandes de las grullas en cuanto al peso del adulto, la grulla gris de Florida se constituye como una población totalmente no migratoria. Esta población se asocia especialmente con las "praderas" húmedas originales del centro y sur de Florida, donde se encuentra los juncos de hojas espinosas que una vez crecieron en vastas zonas interrumpidas por palmitos salvajes y palmas dispersas y agrupaciones de pinos y árboles de maderas duras sobre sustratos algo más secos. Tal vez existen en la actualidad unas 4.000 grullas grises de Florida en ese Estado. Ellas son más numerosas en la región de las praderas de Kissimmee en el centro de Florida, a pesar de que el desarrollo de viviendas y drenajes han afectado cada vez más sus hábitats de reproducción. Por otro lado, el establecimiento de grandes áreas de mejora de pastizales de pastoreo y prácticas actuales asociadas han aumentado las oportunidades de forrajeo de la grulla gris de Florida. Por lo tanto, a pesar de que las áreas adecuadas de cría pueden estar localmente disminuyendo para estas aves, sus condiciones generales de hábitat han mejorado algo en tiempos recientes, y su número probablemente ha aumentado localmente.

En 1905, Outram Bangs y W. R. Zappey reportaron la reproduccion de grullas en la Isla de Pinos, al sur de Cuba; estas aves son un poco más oscuras que las de la Florida y también son algo más pequeñas y más cortas. Estos autores designaron esta población como una nueva especie *Grus nesiotes* (el nombre significa "un isleño"), pero sugirieron que probablemente deberia considerarse eventulmente como una nueva subespecie de *Grus canadensis*, como de hecho lo es hoy. Incluso, en el momento de su descubrimiento, esta población probablemente no era muy grande, a pesar de que al parecer se produjo no sólo en la Isla de Pinos, sino también estaba ampliamente distribuida en toda Cuba. Es probable que la poblacion más densa se encontrara en la Isla de Pinos, y en 1990 en esta isla se consideró que todavía mantenía una población remanente de cerca de 20 aves. Un número similar aún también existía en el área del pantano Zapata de Cuba, y cerca de una docena sobrevivieron en las cercanías de Pinar del Río. La grulla gris cubana se considera ahora en peligro de extinción.

En 1925, James Peters concluyó que las grullas grises que se reproducen en el oeste y el norte de Estados Unidos estuvieron separadas de las de Florida, así como de las grullas grises mucho más pequeñas que se reproducen en el Ártico, y sugirió el nombre científico *Grus canadensis tabida* para esta raza. El nombre *tabida* significa "reducción" o "consumo", y presumiblemente se refería a la entonces reducción de su población y sus hábitats. Observaciones más recientes han demostrado que al menos cuatro poblaciones geográficamente separadas pertenecen a esta raza, cuyo nombre vulgar es el de grulla gris mayor.

Uno de estas es la población oriental de los Grandes Lagos, que a mediados de 1980 consistía de más de 16.000 aves que anidaban desde Michigan y oeste de Wisconsin, a través de la mitad norte de Minnesota y hasta el suroeste de Ontario y el sureste de Manitoba. En sólo dos décadas, esta población ha respondido a los esfuerzos de conservación, cuadriplicandose en sus números. Las aves de esta población, que anida en el este de Minnesota a Michigan, migran al sudeste de Florida para invernar, con casi todas las aves que paran por un tiempo durante la migración de otoño en el área de vida silvestre y pesca de Jasper-Pulaski, en el norte de Indiana. Los del noroeste de Minnesota y de la zona adyacente en Canadá vuelan casi directamente al sur para pasar el invierno en la costa de Texas.

Una segunda población se reproduce en los Rocky Mountains (Las Montañas Rocosas), principalmente desde Montana y este de Idaho, a través del oeste de Wyoming y hasta el norte de Colorado. Este es el mayor componente de la población de la gran grulla gris, que a mediados de la década de 1980, consistian de 17.000-20.000 individuos. Estas aves invernan principalmente a lo largo del sector del Río Grande de Nuevo México, con algunos pocos llegando ocasionalmente al norte de México.

Una tercera población relativamente pequeña de unos pocos cientos de grullas anida en el noreste de Nevada y el sur adyacente de Idaho, e invernan a lo largo de la parte baja del Río Colorado. Por último, en el sur y sureste de Oregon y noreste adyacente de California, hay una población de la gran grulla gris "Valle Central" de mil o algo más que invernan no muy lejos al sur, en el Valle Central de California. Esta es la única población de la grulla gris mayor que está disminuyendo al menos en algunas partes de su área de distribución, principalmente como resultado de los altos niveles de depredación de nidos y polluelos por cuervos comunes, coyotes y mapaches.

En 1966, una raza de grulla gris de tamaño intermedio fue descrita por Lawrence Walkinshaw, y fue llamada *Grus canadensis rowani*; denominada en honor al ilustre ornitólogo canadiense William Rowan. Esta especie tiene un área de reproducción, que se encuentra entre los bosques y pastizales templados, donde cría la grulla gris mayor, y la tundra ártica, donde cría la grulla gris menor. Esta raza de grulla gris ha sido poco estudiada. Sus áreas de reproducción se encuentran ampliamente dispersas en pantanos forestales boreales y otros hábitats de humedales subárticos en el centro y el sur de Canadá, desde la Columbia Británica hasta el este de Ontario. Las aves de Manitoba y Ontario invernan a lo largo de la costa de Texas, junto con algunas bandadas de la grulla gris mayor. Sin embargo, poco se sabe de los movimientos de las poblaciones más occidentales, que también invernan con la grulla gris mayor de los Rocky Mountains (Montañas Rocosas) y bandadas del Pacífico. Debido a las dificultades de poder separar la raza canadiense de la grulla gris mayor en el límite superior, y de la grulla gris menor en el límite inferior de su distribución de tamaños, poco se puede decir con certeza de la abundancia de la población de esta raza indefinida, de transición.

El reconocimiento de la raza canadiense de la grulla gris dejó sólo a la pequeña grulla gris que cría en la tundra ártica como "menor". Esta subespecie (*Grus canadensis canadensis*) es sin duda la más abundante de todas las grullas grises, con estimaciones poblacionales en la última década que van desde

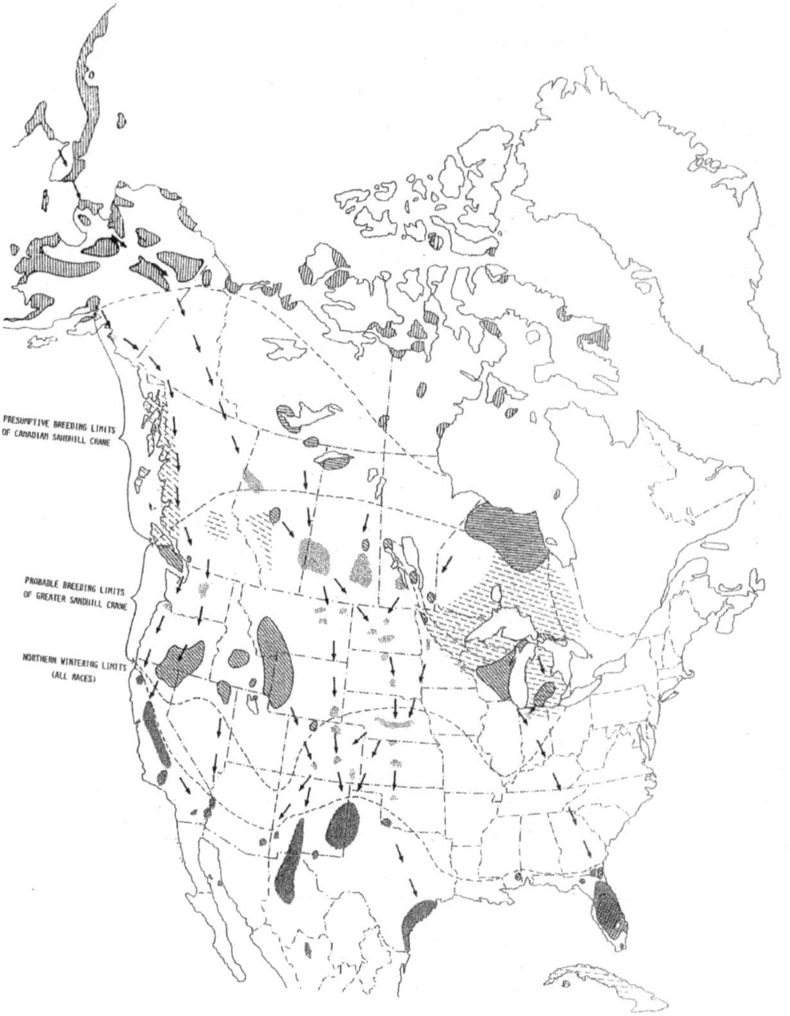

Cría rangos de menor (sombreado vertical), canadiense (eclosión horizontal), y una mayor (sombreado en diagonal) grullas y rangos residenciales de Mississippi y grullas de la Florida (rayado transversal). Más ligero punteado indica áreas de escala migratoria, y punteado denso indica las principales zonas de invernada de las razas migratorias. El recuadro (abajo a la derecha) muestra el centro del valle de Platte de Nebraska, con grandes áreas de concentración de grúas primavera rayadas. Las flechas indican aproximados rutas de migración de otoño. Modificado de Johnsgard (1983).

200.000 a 500.000 aves. Además de la población primaria o "centro-continental" de la grulla gris menor, que invernan en las grandes llanuras del suroeste, una población subsidiaria de cerca de 25.000 aves invernan, principalmente en el Valle Central de California y las razas a lo largo de la costa suroeste de Alaska, desde la ensenada de Cook hasta la península de Alaska y Bristol Bay. Estudios visuales y fotográficos detallados, durante marzo en el Valle del Platte de Nebraska, ofrecen las mejores oportunidades para la estimación de la mayor población de esta raza, la población centro-continental , ya que durante ese breve período, esta área relativamente pequeña sustenta más del 90 por ciento de la población mundial de la grulla gris menor (más unos pocas grullas gris mayor y probablemente la mayor parte de la raza de tamaño intermedio). En 1985, se hizo una estimación de la población total en primavera de unas 515.000 grullas en el Valle de Platte, la gran mayoría de los cuales fueron de la raza menor de grulla. Esta es una de las más altas estimaciones que se han hecho para la grulla gris menor, y tal vez es demasiado optimista, pero sí parece ser cierto que la grulla menor al menos se mantiene en su misma abundancia, si no está aumentando en número, a pesar de la extensa caza deportiva.

Una pequeña población residencial de grullas que es nativa del sudeste de Mississippi fue descrita por John Aldrich en 1972 como una raza aparte, *Grus canadensis pulla*. Fue descubierta por primera vez anidando en Mississippi en 1938, cuando tal vez hasta 100 aves existían. La población de grulla en el Mississippi está esencialmente limitada a un sólo condado (Jackson) en Mississippi, a pesar de que una vez pudo haber ocurrido también en Louisiana y Alabama. En 1975 se pensó que consistían en sólo 10-15 parejas reproductoras y formaban parte de una población total de 30 a 50 individuos. En ese tiempo se estableció un refugio especial: Mississippi Sandhill Crane National Wildlife Refuge, que finalmente fue aumentado hasta incluir más de 15,000 acres. Esta población de Mississippi sigue siendo la de mayor peligro de extinción de todas las razas de grullas grises de América del Norte. Su hábitat de sabana húmeda se ha visto seriamente afectado por el drenaje y la conversión a plantaciones de pino. El desarrollo urbano y la construcción de carreteras han agravado los problemas que enfrenta esta pequeña población, incluyendo la reciente construcción de un tramo de la autopista interestatal e intercambios asociados que atraviesan el centro de su área de reproducción. Sólo 11 territorios de cría activas se sabía que existían en 1990, y el éxito de la reproducción, evidentemente, se ha visto obstaculizado como consecuencia de la reducción de la diversidad genética.

Aunque las grullas han sido estudiadas por muchos ornitólogos en varias ocasiones, una persona cuya vida ha quedado completamente bajo el hechizo de las grullas es Lawrence Walkinshaw. Un dentista de Michigan y observador consecuente y dedicado de las aves. Walkinshaw primero observó la migración de grullas en 1921. En 1930 las encontró en sus lugares de cría en Michigan y quedó totalmente cautivado. Posteriormente, pasó quince años estudiando grullas grises desde la tundra de Alaska a la Isla de Pinos, y viajó unas 70 mil millas, mientras preparaba su monografía *The Sandhill Cranes* (1949). Apenas había terminado el libro, él comenzó los preparativos para una monografía de todas las grullas del mundo. Retirado de su práctica dental en 1968, dedicó la mayor parte de su tiempo durante los siguientes años a la escritura de sus grullas del Mundo, que se basaba en observaciones en la naturaleza de todas las grullas del mundo, con la excepción de la grulla de cuello negro. Este libro fue publicado en 1973 y, junto con el anterior sobre las grullas grises, todavía provee una fuente básica de información para todos los biólogos de las grullas.

Estacionalidad de la grulla gris

Primavera de la grulla gris

Hay un río en el corazón de América del Norte, al cual anualmente confluyen generosos torrentes de agua producto de la fusión de la nieve en los campos y glaciares de las Montañas Rocosas y los derrames que violentamente corren por las laderas orientales de Colorado y Wyoming. Al llegar a las llanuras, este rápidamente pierde su impulso y comienza a extenderse y fluye lentamente a través de Nebraska, de oeste a este. Al hacerlo, discurre a través de un trayecto sinuoso a través de las praderas nativas que ha sido seguido durante milenios por los hombres y los animales. Es el río Platte.

En el corazón de América del Norte, hay una estación que es una batalla impredecible día a día entre los vientos severos que llevan densas cortinas de nieve fuera de Canadá y las altas praderas, convirtiendo las praderas en esculturas de hielo, y el contraste de las brisas del sur que igual de rápido descongelan las altas hierbas nativas y acarician estas suavemente. La temporada se endulza cada amanecer con la música irresistible de las alondras occidentales, los cardenales del norte, y los grandes gallos de las praderas, y el cielo se marca claramente durante todo el día con grandes cantidades de aves acuáticas migratorias. La estación es la primavera.

Hay un ave en el corazón de América del Norte, que es tal vez incluso más vieja que el río, y mucho más cautelosa que las aves acuáticas o los pollos de las praderas. Es tan gris como las nubes de invierno, tan suavemente hermosa y elegante como las cabezas de las flores del pasto indio y del tallo azul matorralero, y sus penetrantes notas semejantes a las de un clarín, tan distintiva y memorable como el ladrido de un coyote o el canto de una alondra occidental. Esta ave es la grulla gris.

Hay un momento mágico que se produce cada año en el corazón de América del Norte, cuando el río, la estación de primavera y todos los pájaros entran en breve conjunción. Las grullas comienzan a llegar al Valle del Platte de Nebraska hacia el final de febrero, al mismo tiempo que el río Platte comienza a verse libre de hielo. Ellas se dirigen desde las áreas invernales tan lejanas como el norte de México, pero sobre todo desde el este de Nuevo México, colindante con Texas, donde una variedad de lagos poco profundos y alcalinos les han ofrecido la seguridad durante los meses más fríos. Estas áreas están por lo menos a 600 kilómetros del rio Platte, el equivalente a un vuelo sin escalas de 12 horas a 50 millas por hora. Algunas de las aves se detienen en el camino, pero probablemente la mayoría hacen el vuelo en un solo día. Alcanzan su velocidad máxima en el aire con la ayuda de los vientos del sur, y vuelan en formaciones semejantes a los gansos, uniformemente espaciadas para una óptima eficiencia de los vuelos. Al llegar al río Platte cerca de la puesta del sol, las formaciones empiezan a romperse, y los pájaros empiezan a dar vueltas por encima del río, en busca de sitios seguros de descanso nocturno. Las llamadas ocasionales de las aves migratorias se acumulan poco a poco en un crescendo ensordecedor de la música de grullas. Los miembros individuales de la bandada tratan de mantener contacto verbal con los padres, compañeros, y los hijos a medida que comienzan a distribuirse en los sitios de descanso en el río y el cielo oscuro se convierte en un remolino de aves dando vueltas mientras descienden.

Más del 90 por ciento de las grullas grises que utilizan el Valle del Platte en primavera son las grullas menores, la más pequeña de todas las razas de grullas grises y la que tiene la migración anual más larga, desde el suroeste de Estados Unidos a la tundra ártica de América del Norte y el este de Siberia. En el momento de su llegada a Nebraska las aves pesan alrededor de seis libras y media, y tiene cerca de cuatro pies de altura. Como todas las otras razas de grullas son grisáceas en el plumaje, pero la corona de las aves, al menos, de un año de edad es desnuda y la piel es de color rojo brillante.

Un pequeño porcentaje de las grullas en el río Platte son aves de mayor tamaño, con un promedio quizá de ocho libras y media y con los picos proporcionalmente más largos. Estas aves, *G. canadensis rowani*, se dirigen hacia las zonas de anidación subárticas en Ontario y las otras provincias del interior, hacia las ciénagas pantanosas o claras dentro de los bosques de coníferas que cubren el centro de Canadá. Unas muy pocas representan las grullas mayores, la más grande de las razas migratorias de las grullas grises. Estas grandes y distintivas grullas, de pico largo, a menudo pesan diez libras o más. Las que utilizan el Valle del Platte se dirigen a las áreas de anidación en el noroeste de Minnesota, pero la mayoría de estas grullas mayores tienen muy diferentes rutas migratorias que pasan bien al oeste o al este de Nebraska.

Contando todas las razas, las grullas en el Valle de Platte constituyen hasta un total de quizás 400.000-500.000 aves a finales de marzo. Este número incluye prácticamente todas los individuos de la grulla gris menor que viven al este de las Montañas Rocosas y representa no sólo la mayor concentración de grullas en América del Norte, sino también fácilmente la concentración de grullas más grande del mundo (La otra especie de grulla más frecuente y de muy amplia población es la grulla común (*Grus grus*), que tiene una población total mundial de alrededor de 100.000 aves. Su mayor número reportado en una sola concentración, tanto migratoria como invernal, se ha estimado en solamente 20.000 individuos). El Valle del Platte y los pantanos poco profundos adyacentes de la "Cuenca de aguas pluviales" (Rainwater basin), inmediatamente al sur, también albergan alrededor de un cuarto de millón del ganso careto mayor (o ganso frente blanca), o la mayoría de estos migran a través del interior de América del Norte. Un gran número de gansos canadiense, gansos nivales (1-2 millones), y patos silvestres, especialmente patos golondrinos y patos de collar, también migran a través de la zona. El número total de aves acuáticas migratorias anualmente totalizan unos siete a nueve millones de aves, una de las concentraciones más espectaculares de aves migratorias que encuentran en cualquier parte del mundo.

Además, sobre un centenar o más de águilas calvas a menudo invernan en el Platte. Mientras que las águilas normalmente se alimentan principalmente de peces muertos o moribundos, de vez en cuando sobrevuelan y acosan a las bandadas de patos y gansos, aparentemente para determinar si alguno de los pájaros presentes pueda estar lisiado o parcialmente inválido y tal vez proporcionarles una presa bastante fácil. Se presta poca atención a las grullas, cuyo pico agudo probablemente representa una grave amenaza para el águila, y rara vez se ha observado que un águila se ponga en fuga con una bandada de grullas.

Los orígenes de la historia de amor de larga duración entre las grullas y el río Platte se pierden en la prehistoria. La evidencia más antigua conocida que sugiere su antigüedad es un húmero fósil, o hueso de la extremidad superior, encontrado en los depósitos del Mioceno en el oeste de Nebraska, que datan de hace nueve millones de años. Tiene una estructura casi idéntica a la de las grullas grises modernas y, si se identifica con precisión, no sólo representa el fósil más antiguo jamás descubierto de la grulla gris, sino también el fósil más antiguo atribuible a cualquiera de las especies modernas de aves. En ese momento de la historia preglacial de Nebraska, el paisaje era evidentemente un prado algo similar al actual, pero con una fauna asociada de mamíferos más semejante al que actualmente existe en África del Este que en América del Norte, con rinocerontes y caballos en lugar de bisontes y ganado doméstico.

La evidencia más clara de que las grullas han usado el río Platte por un largo tiempo proviene de los escritos de diversos exploradores como John Thompson, que en la primavera de 1834, dijo haber visto una bandada de grullas reunidas en el río Platte. Posteriormente, son reportadas por un cazador aventurero quien describe sus intentos para acechar una gran bandada de grullas cerca de Grand Island durante el otoño de 1841. Estos estuvieron entre los primeros exploradores e inmigrantes que utilizaron el río Platte como una ruta terrestre conveniente que conducia a las tierras occidentales deshabitadas. A mediados de los 1,800, el valle del Platte del territorio de Nebraska se convertiría en la principal vía que conducia a Utah y al Territorio de Oregón. Durante ese tiempo, decenas de miles de personas siguieron los senderos Mormon y Oregon al lado del río Platte en su camino a una nueva vida y nuevas fronteras. Sin duda, las grullas y las aves acuáticas del Platte proporcionaron una importante fuente de alimento a lo largo del camino.

En este momento, a pesar de que el río Platte era generalmente plácido, todavía era un río sorprendentemente peligroso en la mayor parte de su extension, siendo a la vez "demasiado turbio como para ser bebido y con insuficiencia de nutrientes para ser utilizado para arar". Sus canales generalmente poco profundos, fangosos y amplios podían fácilmente ocultar arenas movedizas como fondo, y sus inundaciones anuales de primavera podía fácilmente llevar lejos tanto a los hombres como a sus caballos o ganado. Sus innumerables canales estaban constantemente añadiendo o quitando tierra, la producción de nuevos bancos de arena e islas se producian tan rápidamente como se borraban otras. Sus bancos se mantuvieron casi totalmente libres de los árboles por las inundaciones de primavera y témpanos de hielo, y en especial por los incendios generados por rayos que causaban periódicamente estragos sobre las praderas.

Es difícil saber cuál era el atractivo que tenia el río Platte para las grullas grises y las grullas blancas en los días previos a la colonización, pero probablemente sus amplios canales e islas sin vegetación proporcionaban una protección ideal de los lobos de pradera y los coyotes, mientras que las praderas húmedas adyacentes sin duda ofrecían alimentos ricos en proteínas en forma de semillas e invertebrados. En el siglo y medio transcurrido desde que los primeros exploradores blancos describieron estas bandadas de aves, el río ha cambiado mucho. Siendo la más obvia, que las tres cuartas partes de su volumen se ha perdido por efecto de los proyectos de riego que han desviado sus flujos. Las inundaciones torrenciales de primavera, que llevaban agua de deshielo desde la montaña hasta el río Missouri, en gran parte han sido sustituidas por canales secos o canales de desvio del flujo. Sus costas, anteriormente cubiertas de hierbas o arbustos, ahora al estar protegidos de incendios incontrolados de la pradera, han permitido el crecimiento de bosques de galería que bordean las riberas del río. Por último, sus innumerables islas se han convertido en una zona arbustiva y arbolada, debido a que los efectos de limpieza y abrasión del hielo, producto de las inundaciones anuales de primavera, se han reducido progresivamente.

Con la pérdida de muchos canales históricos del río Platte, ha habido un hacinamiento cada vez mayor de las aves en los pocos sitios restantes de descanso aceptables. Estos sitios están limitados a un tramo de menos de 100 millas de distancia del río entre Kearney y Grand Island a lo largo del curso medio del Platte en el centro-este de Nebraska. Como resultado, una población que una vez se distribuyó a lo largo de por lo menos 200 kilómetros de río se concentra en menos de 20 principales sitios de descanso, muchos de los cuales no se encuentran en suelo protegido, y están sujetos a diversos grados de perturbación humana.

Dos de los principales santuarios de vida silvestre que se han establecido recientemente en esa parte del río que ofrece lo mejor del hábitat remanente de la grulla son el Lillian A. Rowe Sanctuary de la National Audubon Society cerca de Kearney y el santurio de Mormon Island –Crane Meadow, del Crane Trust, cerca de Grand Island. Ambos ofrecen sitios de observación encubiertos (blinds) en la ribera del río desde donde la gente puede ver el evento diario con relativa comodidad y, sobre todo, sin perturbar excesivamente las grullas. El Rowe Sanctuary fue financiado por un único legado, mientras que el santuario del Crane Trust surgió como resultado de un acuerdo medioambiental en la corte federal. Este acuerdo estableció un fondo de más de siete millones de dólares, que se utilizaría para mitigar las pérdidas de hábitat crítico para las grullas blancas causadas por la construcción de la Represa Grayrocks en el río Laramie en Wyoming (un afluente del río Platte Norte, la fuente más importante de agua para el Platte). La otra fuente principal, el Platte del Sur, ya ha sido gravemente drenada. Por lo tanto, a pesar de la existencia de estos dos santuarios importantes, los lazos históricos entre las grullas y el río Platte no están garantizados a perpetuidad, y las necesidades en conflicto de la vida silvestre y el potencial de la explotación humana del agua del Platte es probable que se pongan de relieve con mayor agudez en el futuro.

Si el Platte se ha vuelto tan seriamente degradado en las últimas décadas, ¿qué es lo que atrae a las grullas de volver a ella cada año? El río Platte todavía les ofrece protección durante la noche en forma de bancos de arena e islas dispersas, aunque cada vez en menor número de sitios. Tal vez lo más importante, una vez que las vastas praderas húmedas han sido sustituidas por campos de maíz, en el que las aves pueden alimentarse todos los días durante un periodo de cinco o seis semanas, consumiendo el maíz remanente que quedó sin cosechar del verano anterior. De esta manera ellos pueden incrementar rápidamente sus reservas de grasa hasta un máximo, añadiendo alrededor de una libra de grasa a sus pesos corporales totales que los ponen en condiciones ideales para su larga jornada restante hasta el Ártico. Ellos deben llegar a los sitios de anidación con las condiciones fisiológicas primordiales para reproducirse, ya que tendrán muy poco para comer durante las primeras semanas en la tundra.

Cada día, mientras las grullas se encuentran en el Valle de Platte, salen de sus refugios en el río poco después del amanecer, en parejas, familias y pequeñas bandadas dispersandose tanto hacia el norte como al sur del río en busca de alimento en los campos de maíz cercanos. También se alimentan de los pocos prados húmedos restantes, en los que los invertebrados siguen proveyéndoles de sus mejores fuentes de alimentos ricos en proteínas. Cada noche regresan a los lugares tradicionales de pernocta (dormideros), cada uno de los cuales contienen unas 10.000-15.000 aves, ubicadas en las partes menos perturbadas del río y lejos de puentes y del fácil acceso humano. A estos mismos refugios un gran número de grullas vuelven cada noche cerca de la puesta del sol después de haber terminado sus actividades de forrajeo del día. Los vuelos de decenas de miles de grullas, durante las horas de salida y puesta de sol, ofrecen un espectáculo que abruma los sentidos, el estruendo de las aves es impac-

LA GRULLA GRIS (SANDHILL CRANE)

Grullas grises aterrizando en el río Platte

tante, y la vista de las bandadas que circulan por encima nos parecerían a veces como una escena de fantasía o ciencia ficción.

Casi en cualquier momento, mientras están en sus dormideros o mientras se alimentan, el comportamiento repentino de "baile" puede comenzar. Esto consiste en arcos, saltos, lanzar-vegetación, y actividades de aleteo las cuales no están limitadas por la edad o el sexo. El baile puede propagarse rápidamente a través de un pequeño grupo de aves, y puede terminar con la misma rapidez. A veces se inicia por un estímulo repentino, posiblemente de alarma, y bajo tales circunstancias los movimientos de delimitación de las aves pueden cambiar rápidamente al del vuelo real, pero en otras ocasiones ningún estímulo aparente es evidente. Aunque el baile de la grulla vagamente se parece a algunas formas primitivas de baile humano y, como tal, se ha creído tradicionalmente que representan el cortejo, probablemente tiene relativamente poco que ver con la unión de las parejas.

Las grullas se emparejan de por vida, asi que el verdadero cortejo ocurre necesariamente con poca frecuencia. En cambio, varias actividades "asociadas a parejas" en los adultos, como "el llamado al unísono," sirven periódicamente para reforzar los vínculos de las parejas existentes. En las grullas grises, la vocalización al unísono es realizado simultáneamente por ambos miembros de una pareja, la hembra suele pronunciar unas dos llamadas por llamada del macho, no echando la cabeza hacia atrás hasta el momento en que el macho hace la llamada. Tal vez estas diferencias sexuales durante el llamado al unísono ayudan a reforzar la identidad sexual, y por lo tanto ayudan a evitar parejas del mismo sexo.

A principios de abril, muchas de las grullas han comenzado a abandonar el valle del Platte, a menudo comenzando su migración al ganar gran altitud, girando alrededor en masivas bandadas que levantan poco a poco, con sus amplias alas remontando las corrientes ascendentes térmicas producidas por el calentamiento del sol en abril. Incluso antes de que salgan, las aves suelen pasar horas en este tipo de movimiento circular por encima del Valle de Platte, tal vez simplemente disfrutando de la alegría de ese vuelo con baja energía, o tal vez el uso de estas maniobras a gran altitud como vuelos de reconocimiento para explorar el río y consignar sus características topográficas a la memoria colectiva de los miembros de la bandada. Este procedimiento puede ser especialmente importante para las aves más jóvenes y sin experiencia, que finalmente tienen que aprender todas las paradas migratorias más seguras de la especie a lo largo de sus varios miles de millas de recorrido.

Un verano en las Montañas Rocosas

En algunas partes de la región norte de las Montañas Rocosas, tales como las inmediaciones del Parque Nacional Grand Teton, una próspera población de grullas grises mayores anidan cada año. Estas aves ya establecen territorios de anidación desde finales de abril a principios de mayo, mucho antes de que la grulla gris menor haya llegado a sus zonas de reproducción en el Ártico. Aquí, a lo largo del río Snake, las aves comparten su hábitat con otra gran y muy rara especie, el cisne trompetero, así como con una amplia variedad de otros animales silvestres, como los castores. En efecto, los cisnes y las grullas están estrechamente asociados ecológicamente con los castores, porque estos ultimos en sus actividades de construcción de represas proporcionan embalses pequeños y estables que ofrecen sitios de anidación ideal tanto para los cisnes como para las grullas.

Tan pronto como sus hábitats de anidación quedan libres de nieve, la grulla gris mayor de la región de las Montañas Rocosas empieza a buscar los territorios de anidación adecuados. Idealmente estos no sólo deben tener excelentes lugares de anidación, sino también zonas de alimentación cerca de donde el suelo es lo suficientemente suave para poder desenterrar las plantas de primavera por sus raíces comestibles, y donde algunos de los alimentos ricos en proteínas también están disponibles. Las grullas no son reacias de comer los huevos de aves más pequeñas que anidan en los pantanos o de polluelos de estas aves cuando pasan cerca de ellos, por ejemplo los de las polluelas o del tordo sargento, e incluso pueden comer los huevos de pato del tamaño de las cercetas. Hay un número limitado de territorios humedales ideales en este entorno esencialmente semiárido, excepto donde la actividad del castor ha proporcionado una abundancia de estanques. Las parejas a veces luchan ferozmente por la propiedad de los mejores territorios. Probablemente la mayoría de estas luchas involucran a los machos de las respectivas parejas, aunque sus compañeras tienen una gran participación en la contienda, de vez en cuando "dándole ánimo" y tal vez dándole un picotazo ocasional o dos. Las peleas pueden incluso atraer a otros, lo que desencadena un frenesí de actividad general.

La lucha entre las grullas son similares al "bailar" normal de estas aves, lo que proporciona evidencia en cuanto a la opinión de que tales danzas representan una versión variable de rituales o estereotipos de comportamiento agresivo, incluyendo un salto y patadas simultáneas, un movimiento de picoteo ocasional del suelo o de sacudirse sobre la vegetación, y movimientos de inclinación de la cabeza o movimientos pendulares que exponen a su oponente la desplegada piel roja brillante de la corona roja del pájaro. De hecho, la piel de la corona representa un excelente y notable indicio externo del estado interno del ave; las grullas en estado de relajación pueden retraer la piel de modo que apenas se remonta a la vista, pero los pájaros muy excitados pueden extirar la piel hacia la parte posterior de la corona a medida que se llena de sangre. La agresión de las grullas también puede ser dirigida hacia otros animales que tal vez representan una amenaza para sus huevos o crías, como los zorrillos. A veces incluso se ha observado que se yerguen frente a grandes animales como el venado o el alce cuando éstos han pasado muy cerca de su nido.

Las grullas hacen todo lo posible por ocultar tanto sus nidos como ellos mismos durante la época de reproducción. Esto lo logran en parte por el color gris poco visible de sus plumajes de adultos, e incluso este color es mejorado de manera efectiva en cuanto a su valor de camuflaje cuando los pájaros manchan las plumas del cuerpo con barro y vegetación en descomposición antes del inicio de la anidación. Este "comportamiento de pintarse" sólo en raras ocasiones se ha observado en individuos salvajes, en la medida en que las aves se vuelven extremadamente reservadas justo antes de la anidación. Es evidente que esto lo hacen en sus ratos libres, cuando las aves no se encuentran buscando alimento o en otras actividades. Las aves extraen tales materiales del fondo de los estanques con sus picos y lo esparcen sobre su plumaje, haciendo que las plumas lleguen a tener cierta similitud con el color marrón de la tierra y los pigmentos orgánicos. Poco a poco las plumas del cuerpo llegan a adquirir bastante del mismo color de la vegetación muerta del entorno del nido, sin embargo permanece sin teñir la cabeza y el cuello del ave.

Así como una misma pareja se mantiene año tras año durante el tiempo que ambos miembros siguen vivos, los territorios de anidación también lo vuelven a ocupar año tras año las parejas establecidas. Basado en una muestra de 45 grullas mayores y grullas de Florida de edad conocida, se ha encontrado que los primeros intentos de reproducirse frecuentemente ocurren a los tres años de edad. Sin embargo, estos primeros esfuerzos de anidación son generalmente no exitosos, y algunas aves pueden incluso no intentar cruzarse hasta que tienen cinco años de edad. La formación de parejas suele comenzar durante la última parte del segundo año de vida de las grullas. Debido a las asociaciones efímeras, la grulla subadulto en promedio se asocia con cinco diferentes parejas potenciales antes de criar con éxito. Sin embargo, después de que los vínculos de pareja están firmemente establecidos, la pareja podría permanecer junta durante diez años o más, en función de la supervivencia de sus miembros. En la muestra estudiada, un reapareamiento se produjo con bastante rapidez después de la muerte de un compañero, especialmente entre los machos, lo cual requirió de 5 a cerca de 77 días para el reapareamiento en cuatro casos. Sin embargo, una hembra necesitó 132 días para poder reaparearse, y otra aún no se había reapareado después de 271 días de la desaparición de su compañero. En este mismo estudio se encontró que casi la mitad de las grullas grises (en su mayoría de la raza Florida) que se anillaron durante o después de su tercer año de vida se vieron asociados con más de un compañero durante diversos períodos de observación (que fueron no más allá de once años).

La construcción del nido puede requerir una semana o más, con la mayor parte del trabajo realizado por la hembra. Al igual que los cisnes trompeteros, las grullas grises acumulan lentamente el material en el nido sobre el cual el ave se para o se sienta, lo extiende y tira o arroja al sitio. Este montón no es terminado en lo más mínimo agregando plumas. En cambio, los huevos son simplemente puestos sobre la concavidad poco profunda del nido. Las grullas grises y las grullas blancas casi invariablemente ponen dos huevos, los cuales son puestos a intervalos de aproximadamente dos días. La incubación del primer huevo comienza inmediatamente después de que este es puesto. Esto está en marcado contraste con los cisnes y los gansos, que no comienzan la incubación hasta que completan todos los huevos de una camada. Esta es una distinción importante, ya que en las especies que comienzan la incubación de inmediato, los huevos eclosionan en el mismo orden en que fueron colocados, y en intervalos más o menos comparables. Sin embargo, si la hembra retarda el comienzo de su incubación hasta que la camada se complete, todos los huevos eclosionan casi simultáneamente, y todas las crías pueden dejar el nido al mismo tiempo. Esta eclosión simultánea es probablemente especialmente ventajoso para las especies de aves, como gansos y patos, que por lo general tienen grandes tamaños de camadas y juveniles precoces, pero puede que no importe tanto para las grullas, con sólo dos huevos y por lo tanto no más de dos hijos para cuidar.

La fertilización se produce en los días previos a la colocación del primer huevo, sobre todo durante la semana inmediatamente anterior. Durante su período de oviposición, la hembra no suele dejar el nido en absoluto, pero tampoco es probable que el macho la visite. Sin embargo, tan pronto como el segundo huevo se ha puesto es probable que el macho se acerque al nido y gentilmente desplaza a la hembra fuera, para que él pueda comenzar a incubar y ella pueda irse en busca de su alimento. A partir de entonces, la pareja se turna en la incubación, con cada progenitor permaneciendo durante varias horas, mientras que el otro forragea o está de guardia, previniendo posibles peligros. Generalmente la hembra se hace cargo al final de la tarde y permanece en el nido durante toda la noche, con el macho durmiendo cerca.

Durante los 30 días que dura la incubación, la vida de la pareja de grullas está centrada en el nido. Mientras tanto, otras señales de la primavera y principios del verano son vistas y escuchadas por todas partes. El tamborileo matutino del grévol engolado penetra suavemente la quietud de los bosques perennes densos, las flores de la trompetilla escarlata comienzan a florecer en los bordes de los bosques que atraen a las abejas y especialmente al colibrí de garganta rayada, y en las zonas más abiertas iluminadas por el sol las flores de principio del verano comienzan a dar matices de colores en la tierras altas dominadas por arbustos verde grisaceos de artemisas. Aquí y allá, el ciervo mulo delicadamente se mueve a través de los bosques, y la hembra del alce lleva a sus crias recién nacidas a través de estanques de castores, buscando lechos de lirios de agua, uno de sus alimentos favoritos. Las hembras del ciervo canadiense ascienden desde los bosques abiertos y los pisos de artemisa donde pasaron el invierno hasta los prados húmedos de montaña, donde nace aisladamente una sola cría de cada una de las hembras. A las pocas semanas de su nacimiento, los jóvenes ciervos se reúnen con sus madres. Alli conforman una manada de juveniles que puede ser resguardada colectivamente por una o dos de las hembras, mientras que las otros pueden tomar cierto tiempo para alimentarse y generalmente recuperarse de las tensiones del parto.

Durante el período de incubación la grulla hembra se posa sobre el nido, mientras que el macho se mantiene cerca en estrecha vigilancia. El período de incubación de las grullas es un momento crítico, como lo es para todas las aves. Alrededor de 24 horas pueden transcurrir desde el momento del inicio del picoteo de la cáscara de huevo por el embrión hasta que del polluelo finalmente queda libre de la cáscara, lo cual se realiza sin ningún tipo de ayuda del progenitor. Durante este tiempo la hembra se posa aun más cerca que antes, y sólo de vez en cuando se levanta para mirar el huevo en incubación o, a veces moverlo suavemente con la punta del pico. Después de liberarse de la cáscara, el pichón yace por un tiempo húmedo en el nido, descansando de su extenuante experiencia, y en espera de que su plumón húmedo llegue a secarse. Durante ese tiempo se transforma lentamente de una masa casi sin forma en una hermosa criatura cubierta de un dorado cobrizo atenuado en un anillo más pálido alrededor del ojo. El líquido que al principio hincha las patas se absorbe en el cuerpo, y unas pocas horas después de escapar de su caparazón el polluelo puede comenzar a tratar de ponerse de pie, se acurruca bajo las plumas del pecho de la hembra por un tiempo, pero pronto está mirando hacia fuera en el mundo, o incluso tratando de subirse a la espalda de su madre.

Poco después de que cada pichón ha nacido, el pájaro padre recoge la cáscara vacía y la membrana asociada y, o bien lo desecha cerca del nido o, más comúnmente, se lo come. También puede romper la cáscara en pequeños fragmentos y mantenerlos en frente del pico del polluelo, estimulándolo a picar.

Debido a la diferencia de aproximadamente dos días en la edad de los polluelos, el que eclosionó de primero ya es experto en caminar y nadar, mientras que el más joven todavía continua siendo empollado por su madre. Esta diferencia de edad, aunque aparentemente poca, es en realidad de gran importancia en la biología reproductiva de la grulla. La agresividad competitiva de las aves se expone incluso a esta temprana edad, y, a menos de que sea impedido por el adulto, el polluelo mayor es muy propenso a picotear su hermano menor. La intensidad de la agresión entre hermanos suele aumentar en vez de disminuir cuando los pollos crecen, y puede incluso conducir a la muerte del polluelo más débil, por lo general el más jóven. Este comportamiento agresivo entre los polluelos es un aspecto más desconcertante de la biología de la grulla, ya que la selección natural debería favorecer a un patrón de comportamiento que maximice la supervivencia de los jóvenes. Los juveniles no compiten fuertemente por la comida, por lo menos durante los primeros días en que son alimentados casi exclusivamente por sus padres y recogen muy poco o ningún alimento por sí mismos. Sin embargo, esta agresión entre hermanos podría ayudar a explicar el tamaño pequeño de la camada, de dos huevos que es típico de casi todas las grullas, ya que un mayor número de polluelos probablemente tendería a aumentar la agresión en un grado aún mayor que el existente.

Cuando el polluelo que nació de primero comienza a ganar fuerza y comienza a vagar cada vez lejos del nido, el progenitor masculino generalmente interviene para hacerse cargo de su cuidado. Este arreglo de que cada progenitor toma la responsabilidad del cuidado de una de las crias, físicamente separa

Grulla gris mayor dandole calor a su polluelo

a los dos polluelos el uno del otro, y reduce enormemente las oportunidades para la lucha entre ellos. Cada polluelo sigue de cerca a uno de los padres, mientras que el segundo busca a los alimentos de elección, como los insectos. Cuando se encuentra la comida, el padre recoge una pieza del alimento hacia arriba y lo mantiene al nivel de los ojos del polluelo, esperando a que el joven tome el bocado. Pronto, el polluelo se encontrará buscando la presa por su cuenta.

Cuando el segundo polluelo es capaz de abandonar el nido, la hembra lo alienta a seguirla, y poco después la familia ha abandonado completamente el nido. Las familias tienden a moverse poco a poco hacia una zona más cubierta, donde rara vez se pueden observar. Aquí van a pasar el período de aproximadamente dos meses que se requiere para que los jóvenes puedan ganar el poder de volar. Durante ese tiempo, el peso de los juveniles pasará de unas pocas onzas en el momento de la eclosión a casi seis libras, y llegarán a ser casi tan altos como sus padres. Sin embargo, sus agudas voces de "niños pequeños", plumas juveniles de color canela y coronas totalmente emplumadas permiten el reconocimiento de los juveniles durante la mayor parte de su primer año de vida.

El Norte hacia el Ártico

Las grullas de la región de las Montañas Rocosas que están ocupadas con sus nidos en mayo, son aquellas que salieron en abril de sus áreas de parada en las Grandes Llanuras completando la última etapa de su migración de primavera hacia el interior de Alaska. Las tierras de donde se reproducen en la tundra todavía están cubiertas de nieve y hielo durante todo el mes de mayo, por lo que las aves deben esperar en las zonas subárticas hasta que las áreas reprductivas sean accesibles. A medida que se abren camino a través del interior de Alaska a principios o mediados de mayo, las grullas siguen el borde norte de la cordillera de Alaska. Tan rápidamente como el tiempo lo permite, se mueven hacia el oeste a lo largo del valle del río Tanana y dentro de la parte inferior de la cuenca Yukon-Kuskokwim y las áreas de reproducción en las tierras bajas de tundras asociadas a lo largo del Mar de Bering.

Otro grupo de la grulla menor que inverna en la costa del Pacífico migra al mismo tiempo hacia el norte por la costa sureste de Alaska. Estas aves pernoctan brevemente junto a lugares tradicionales como el delta del río Stikine, la meseta Gustavus cerca de "Glacier Bay" y el delta oriental del río "Copper". Estas aves se dirigen hacia las zonas de reproducción alrededor de Cook Inlet, a lo largo de la costa norte de la península de Alaska, o a la tundra de tierras bajas adyacentes de la Bahía de Bristol.

Las grullas que migran a través del interior de Alaska a menudo duermen en el borde congelado del río Tanana, o sobre el hielo de los estanques y lagos, ya que deben esperar a que la tundra de Alaska occidental llegue a ser accesible para ellos. En la costa sur de Alaska, a lo largo del delta mucho más cálido y libre de nieve del rio Copper, las grullas alcanzan su número máximo en la primera semana de mayo, con la mayoría de ellas volando sobre el delta en lugar de detenerse allí. De este modo, adelantan o pasan por alto grandes bandadas de aves playeras migratorias que también se dirigen a las zonas de reproducción en el Ártico.

Estas planicies mareales del río Copper, son enormemente ricas en invertebrados, y sirven como área de descanso final para incontables millones de aves playeras que anidan en el Ártico, una función comparable a la del río Platte para las grullas menores. Bandadas de aves playeras que se cuentan por decenas o cientos de miles con frecuencia se acumulan en el delta hacia mediados de mayo, cuando puede haber hasta un cuarto de millón de aves playeras alimentándose en un sólo kilómetro cuadrado de planicies mareales. Poco después de mediados de mayo, las aves playeras hacen una salida rápida y espectacular, en dirección noroeste hacia sus áreas de reproducción en el oeste de Alaska y probablemente también al noreste de Siberia.

Del mismo modo, algunas de las grullas menores que migran a través del interior de Alaska continuarán a través de todo el mar de Bering hasta su área reproductiva del Ártico en el noreste de Siberia. No se conoce el número de grullas que realmente hacen ésto, pero los ornitólogos soviéticos han estimado recientemente la población de Siberia en al menos 25.000 aves y, posiblemente, más de 50.000. Evidentemente la población siberiana sigue aumentando, y su rango de distribución se esta expandiendo. Por lo menos algunas anidaciones pueden estar ahora ocurriendo casi tan al oeste como el río Khatanga, cerca de 2.000 millas al oeste del mar de Bering. Los datos de anillado indican que las grullas que anidan en el este de Siberia migran a través del estrecho de Bering y pasan el invierno en Texas y Nuevo México por lo menos a 4.000

Grulla gris mayor atendiendo a un polluelo

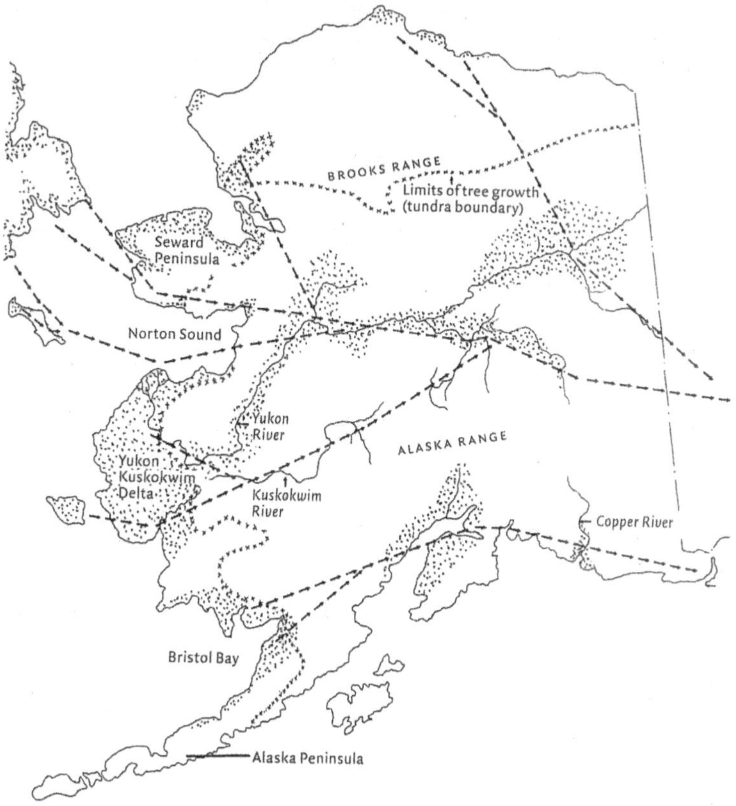

Otoño rutas de migración de la grulla menor en Alaska. Rutas de primavera son esencialmente lo contrario de los que se muestran para el otoño. Adaptado con modificaciones de Kessel (1984).

millas de distancia, posiblemente cerca de 5.000 millas para las aves que anidan en el oeste hacia el río Khatanga de Siberia. Esta es la más larga migración conocida de cualquier especie de grulla, y tal vez no tiene comparación con cualquier otra ave no pelágica de tamaño comparable. Si, en cambio, las aves simplemente volaran hacia el sur hasta el centro de China, al igual que lo hacen las grullas siberianas que anidan en la misma región, las grullas grises podrían reducir su ruta de migración total a la mitad. Ellos por lo tanto también evitarían el cruce del peligroso estrecho de Bering, que con frecuencia es tormentoso y a menudo está cubierto por la niebla durante gran parte del año.

A finales de mayo, la grulla menor está en el tramo final de su viaje de primavera, irrumpiendo más allá del límite de los árboles en el oeste de Alaska y en el desierto sin caminos de la tundra costera de tierras bajas que se centra en los deltas de los ríos Yukón y Kuskokwim. Este es un mejor ambiente que tiene casi tanta agua como tierra, con un interminable laberinto de lagos, arroyos, lagunas y pantanos presentes durante el breve verano. Esta compleja interacción de agua y tierra "permafrost" ofrece una gran variedad de hábitats de humedales estacionales que varían en tamaño desde pequeños estanques a grandes lagos, así como playas costeras.

La grulla menor es una de las especies más conspicuas anidando en las vastas planicies de tundra del delta del Yukon–Kuskokwim. Aquí, al menos, dos tercios del total de la población reproductiva de la grulla gris de Alaska pasan el breve verano anidando y criando a sus polluelos. Tanto la grulla menor como la grulla mayor, más al sur, son muy territoriales, con sus nidos muy dispersos (en promedio mucho menos que un nido por milla cuadrada) y por lo general bien escondidos.

Los problemas de anidación en la tundra Ártica son algo diferentes de los que se enfrentan las grullas que anidan en las Montañas Rocosas, siendo la disponibilidad de una temporada de reproducción mucho más corta el factor más importante. La nieve o la lluvia helada es posible casi en cualquier momento, e incluso durante el mes más caluroso la lluvia helada puede golpear sin piedad la tierra, amenazando con congelar adultos, sus huevos o sus crías. Tal vez por ello, los recién nacidos de la grulla gris menor tienen una cobertura de plumón considerablemente más exuberantes que las grullas que se reproducen en el sur de los Estados Unidos. La banda de crianza debajo del ala donde llevan los pollos recién nacidos también es típica de muchas grullas grises que anidan en el Ártico. En una ocasión, un macho adulto fue observado cuando llevaba un polluelo de días de edad en su parte posterior mientras estaba parado y en búsqueda de alimento, fue el único momento en que tal comportamiento se ha observado en grullas. En la población de grullas grises de la isla Bank, se han observado a las grullas alimentándose regularmente de lemmings, utilizando una postura especial con la cabeza hacia abajo, que le permite al ave buscar a su presa por abajo, en sus madrigueras. A veces los lemmings son capturados en sus madrigueras o, si es necesario, son perseguidos por el suelo hasta su captura. Luego los sacuden y los picotean hasta que son muertos, y finalmente, son consumidos en pedazos.

Las grullas grises menores también, aparentemente, han sido capaces de adaptarse a una época de reproducción mucho más corta, en general, a causa de su mucho menor tamaño del cuerpo. Aunque esto no ha influido en la duración de su período de incubación, el pichón recién nacido requiere mucho menos tiempo para dejar el nido que las grullas más

Polluelo de la grulla gris mayor a las dos semanas

grandes que crían más al sur. Este período corto como volantón puede ser resultante de la combinación de un peso corporal mas liviano del volantón y condiciones de fotoperíodo de alrededor de 24 horas de luz, que les permite escarbar casi continuamente desde el momento en que nacen hasta que están listos para comenzar su migración de otoño. Los volantones abandonan el nido cuando tienen solamente cerca de dos meses de edad, en contraste con unos tres meses que tardan las grullas mayores, y son por lo tanto vulnerables a salteadores, gaviotas, zorros árticos y zorros colorados y otros depredadores durante períodos significativamente más cortos. Ellos abandonan el nido en la última parte del mes de agosto y comienzan a salir de sus zonas de cría de Alaska a principios de septiembre, apenas tres meses después de la llegada de primavera de sus padres.

Una hégira otoñal

Para el primero de septiembre, el período de luz del día ya está disminuyendo notablemente, y la nieve comienza a acumularse en la vertiente norte de la parte baja de las montañas Kuskokwim Askinuk que se elevan por encima de la tundra. Las aves playeras y acuáticas ya han salido del delta del Yukon- Kuskokwim. Las grullas de pronto empiezan a salir, en dirección este a través de las montañas Kuskokwim y el río Kuskokwim, donde se unirán a las igualmente grandes bandadas de grullas procedentes de Norton Sound en Alaska, y aquellas que anidan en el noreste de Siberia.

Como las aves migran hacia el este a lo largo del lado norte de la cordillera de Alaska, a menudo entran en el Parque Nacional Denali y se dirigen más allá de la presencia inquietante y majestuosa del Monte McKinley, en ocasiones luego de volar a una altura de 20.000 pies o más sobre el nivel del mar. Típicamente las aves migran a una altura de alrededor de 1.000 pies sobre el nivel del suelo durante el período de otoño. Esta altura es algo menor que la típica altura durante la migración de primavera, cuando la altura de vuelo es de 3.000 a 5.000 pies sobre el suelo. Tal vez una de las razones de esta diferencia estacional es que las nuevas aves juveniles pueden ser menos capaces de llegar a una gran altura con mucha facilidad. Durante la migración de primavera algunas bandadas de grullas vuelan tan alto como aproximadamente 7.500 pies por encima del suelo, al parecer para evitar la turbulencia del aire a veces grave que se produce más cerca del suelo, lo que es más frecuente durante la primavera que en el otoño. Muchas bandadas paran y pasan unos días de descanso y alimentación a lo largo de bancos del rio McKinley, un hábitat que es muy similar al del río Platte. Aún más descansarán alrededor de una semana en el Minto Flats State Game Refuge, a lo largo de la parte baja del río Tanana. A veces las grullas pueden tener que volar en la niebla o la nieve cuando permanecen cerca del suelo. En otras ocasiones, vientos fuertes y mala visibilidad, o fuertes lluvias detienen su migración.

Asi como las grullas pasan por el interior de Alaska, pasan grupos dispersos de caribú que también andan migrando. Estos animales se van moviendo gradualmente hacia el sur desde sus territorios de cría en la tundra en los momentos más fuertes del invierno. Estos mamíferos están a punto de enfrentarse a los rigores de la época de celo de otoño y el aún mayor estrés de un invierno en Alaska. Para lograr un revestimiento de protección un poco más grueso que el que utiliza el caribú y la grulla, los alces también acumulan grasa para el invierno, a pesar de que no tienen que lidiar con la presión adicional de la migración. Del mismo modo, los osos pardos gastan todas sus horas del día en su búsqueda de alimento. Ellos son capaces de consumir cualquier tipo de alimento de las plantas o de los animales que encuentran, incluyendo incluso carroña, pero parecen disfrutar de la abundante cosecha otoñal de bayas que le dan pequeñas chispas de un color frío al paisaje de Alaska durante este período.

La mayoría de la migración de grullas se realiza durante las horas del día, con las aves que se detienen a descansar cada noche, aunque en los vuelos de buen tiempo pueden continuar mucho más allá de la puesta del sol, sobre todo en las noches iluminadas por la luna. El período de la luz del día es más corto durante la migración de otoño a través de Alaska que durante la primavera, por lo que las aves probablemente encuentran la oscuridad en las jornadas más largas de su viaje.

Eventualmente las aves salen de las montañas canadienses en el norte de la Columbia Británica (British Columbia) y pasan a las Grandes Llanuras occidentales (Great Plains). A partir de ahí hacen un vuelo casi en línea recta a través de la zona sudeste de rio Peace en el centro de Alberta, y de ahí hacia el oeste de Saskatchewan. Aquí llegan a mediados de septiembre cuando los campos de cereales están siendo cosechados y las praderas y pantanos nativos son ricos en los alimentos naturales.

A medida que llegan en Saskatchewan, las grullas grises menores comienzan a encontrarse con pequeños grupos familiares de grullas blancas, que también han iniciado su migración otoñal desde la zona de anidación el parque nacional Wood Buffalo a unas 600 millas al noroeste. Muchas de las parejas de la grulla blanca en ese momento están guiando a su única cría, ya casi tan grande como sus padres, pero con un toque de color rojizo en la cabeza y el dorso. También hacen uso de esta misma región grandes bandadas de gansos blancos menores y otros gansos que se reproducen en el Ártico, todos lo cuales vuelan rapidamente hacia el sur para escapar del invierno. Muchas de estas aves se desviarán hacia el suroeste y se dirigiráan a las áreas de invernación en California, mientras que algunos se van hacia el sur hasta el Valle del Río Grande de Nuevo México. Otros seguirán una ruta muy similar a la grulla gris menor, moviéndose hacia el sureste en las Dakotas y luego por las grandes llanuras del centro y sur en las áreas de invernación del interior de Texas y a lo largo de la costa del Golfo.

Aunque la grulla gris menor y la grulla blanca utilizan esta área al mismo tiempo, hay poca o ninguna competencia directa entre ellas, ya que las grullas blancas tienden a utilizar las zonas de humedales, mientras que las grullas grises se alimentan en las praderas naturales y campos de cereales. Ambos, sin embargo, deben acumular las reservas energéticas de grasa importantes que utilizan en la última gran etapa de su migración de otoño, como es el caso durante su estadía en el Valle del Platte en su camino hacia el norte en la primavera. Durante este período de otoño las aves tienden a empezar a encontrarse con cazadores de grullas, ya que la caza de la grulla gris es legal en Canadá desde 1959 y en los Estados Unidos desde 1961. Se han estimado que las "cosechas" legales anuales de los cazadores de Estados Uni-

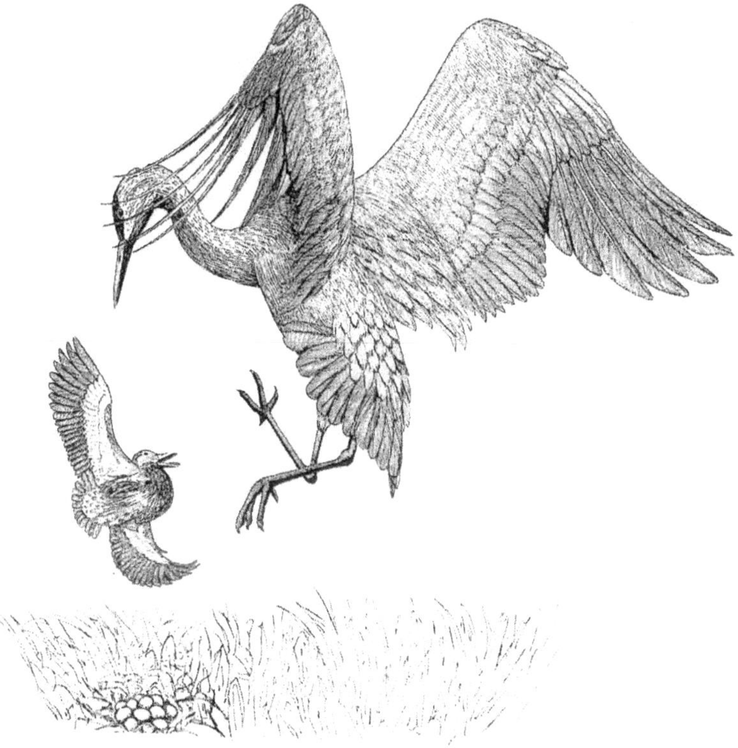

Grulla gris mayor auyentando a un barraquete aliazul
de su nido con huevos.

dos y Canadá durante la década de 1970 y principios de 1980 han promediado cerca de 14.000 aves, a las que otros 3.000 más o menos se pueden agregar para dar cuenta de las aves mutiladas que nunca fueron recuperadas, así como las aves tomadas por los cazadores mexicanos o en Alaska y nunca reportadas. Afortunadamente, son relativamente pocos los cazadores que tienen la paciencia, el conocimiento y la experiencia para cazar grullas de manera muy eficaz. Además, la mayoría de las grullas que mueren son inexpertas y los juveniles relativamente incautos del año, pérdida que no es tan grave como la destrucción de parejas de adultos reproductivamente activos.

Muchos de los efectos de dicha caza "deportiva" en la ecología de la población de las grullas grises menores son lamentablemente poco conocidas, tales como el tiempo necesario para el establecimiento de nuevos vínculos de pareja de pájaros viudos, o el efecto de la pérdida de uno o ambos padres en las posibilidades de supervivencia de su progenie. Aunque se sabe que, al igual que todas las grullas, la pareja de la grulla gris menor es de por vida, todavía no está claro el momento justo en que las grullas de esta raza normalmente se aparean e inician su reproduccion en la naturaleza, o cuál es su longevidad normal bajo condiciones de protección y caza. Como resultado, el manejo de la población de la grulla gris ha sido tanto una cuestión de conjeturas fundamentado en información y criterios científicos. Es tal vez un testimonio de la desconfianza innata de las aves y su adaptabilidad a las condiciones cambiantes que la grulla gris menor de Norte América no ha sido aún seriamente afectada por la llegada de la caza legalizada, y estas pérdidas anuales relacionadas con la caza hasta ahora representan aproximadamente no más del 5 por ciento de su población total. Sin duda alguna debe ocurrir la mortalidad no relacionada con la caza, tales como las enfermedades fatales y muertes accidentales. Sin embargo, al parecer, la caza y las pérdidas colectivas por otras causas todavía representan menos que las tasas de reclutamiento media anual de la grulla gris menor de alrededor de 7 a 11 porciento, y la población está indudablemente, si no manteniéndose asimismo, está creciendo. No obstante, es sorprendente que la mayoría de los que no son norteamericanos aprendan que las grullas son fuertes símbolos de la longevidad y de buena suerte o fortuna como en gran parte del Oriente. Ademas, están completamente protegidas en casi todos los países civilizados, mientras que en América del Norte son tratados como unos objetivos de caza a ser logrado por los "deportistas."

Después de pasar varias semanas alimentándose de las praderas canadienses ricas en granos, la grulla gris comienza a salir a principios de octubre. Algunas de ellas deciden ir hacia el sur, por el este de Montana y siguen las estribaciones orientales de los Montañas Rocosas (Rocky Mountains) hasta las áreas invernales en el sur de Nuevo México y zona cercana de México, pero la mayoría seguirán volando en dirección sureste por el centro de Dakota del Norte, parando de nuevo por un tiempo en los sembradios y pantanos superficiales de Dakota. A partir de ahí tienen un vuelo casi directo hacia el sur, atravesando el Valle del Platte de Nebraska, pero algunas de las aves paran allí. En cambio, otras tienen su destino en las praderas áridas del este de Nuevo México y el noroeste de Texas, donde van a pasar todo el invierno. Las grullas blancas siguen una ruta similar, pero en lugar de ir al oeste de Texas se dirigen directamente a la costa del Golfo, a la seguridad del "Aransas National Wildlife Refuge".

Las grullas grises mayores de las Montañas Rocosas, cuyos juveniles abandonan el nido a finales de agosto o septiembre, comienzan también a moverse hacia el sur durante el mes de octubre. Las aves del norte de estas montañas pasan al sur a lo largo de la vertiente occidental de las Montañas Rocosas de Colorado hasta llegar a la cuenca del alto Río Grande en el sur de Colorado. A partir de ahí pasan directamente hacia el sur a lo largo del Río Grande de Nuevo México, en dirección a las zonas de invernación en el centro y el sur de Nuevo México. Aunque la mayoría de los hábitats grulla en el Río Grande se han perdido, algunos sitios importantes de invernación siguen siendo adecuados, de los cuales gran parte de los más importantes se encuentran en el Bosque del Apache National Wildlife Refuge al sur de Albuquerque.

Este refugio está muy bien situado a los pies de las montañas áridas Magdalena, que brilla en tono pastel en la clara luz del desierto. El área probablemente ha sido un refugio para la vida silvestre desde la prehistoria, con ruinas indígenas que data del año 1300. Una variedad de lagunas poco profundas y lagos ofrecen sitios de descanso perfecto para las grullas y también ofrecen protección a los gansos nivales, gansos canadienses y otras aves acuáticas. Además, los campos de maíz sembrados para el uso de la fauna silvestre permiten tanto a las grullas y los gansos pasar su tiempo en relativa seguridad, aunque se permite algo de caza de gansos y ciervos.

Los resultados anuales del experimento de transferencia de huevos de la grulla blanca se evidenciaron cada otoño en el Bosque del Apache, cuando las grullas grises mayores de Idaho comenzaban a llegar al sitio, y adoptaban a la grulla blanca. En ese momento las grullas blancas juveniles eran más altas que sus "padres" y estaban empezando a adquirir el patrón de plumaje blanco y negro típico de las clases adultas. Ellas parecian ser plenamente aceptadas por las grullas grises, a pesar de su mayor tamaño y apariencia alienígena. No puede haber ninguna duda de que los gansos nivales menores han respondido eficazmente a los esfuerzos de manejo, y más de 50.000 de estas hermosas aves han sido atraídos al refugio de Bosque del Apache en los últimos años. Muchos de los gansos de Ross más pequeños están presentes también.

A unos cientos de kilómetros hacia el este, en las praderas secas del Llano Estacado en la frontera de Nuevo México–Texas, las grullas grises menores están también llegando a sus áreas de invernación. En los refugios, como Bitter Lake National Wildlife Refuge de Nuevo México, y Muleshoe National Wildlife Refuge en Texas, los pájaros se paran en las aguas poco profundas, a menudo en las playas alcalinas de los lagos que se encuentran dispersos en este paisaje desolado.

El río Pecos de aguas someras pasa lentamente hacia el sur, en su valle en forma de U estrecha, y las zonas poco profundas de infiltración proporcionan pantanos que se ajustan a los contornos de canales ahora antiguos de este río. Estos pantanos alcalinos, plenos también de manantiales subterráneos, dan lugar a un arroyo llamado "Lost River", y constituyen el elemento vital del Refugio "Bitter Lake". Este refugio aislado y de natural hermosura esta bordeado en la mayoría de sus lados por montañas bajas y se caracteriza por tener pisos salinos áridos , montículos de yeso, y en especial numerosas lagunas poco profundas y embalses que ofrecen agua para mantener la vida de las plantas y animales de la zona.

Aparte de gansos migratorios y aves acuáticas más pequeñas, las aves invernantes de los Refugios Bitter Lake y Muleshoe son principalmente las grullas grises menores. A medida que llegan están terminando un viaje épico que ha comprendido todo un continente, desde la tundra ártica a la soledad del desierto, en sólo dos meses, un viaje que se recrea cada año por millones de años. Su patrón de supervivencia se ha fijado en una repetición sin fin de temporada en la tundra, montañas y llanuras, y los ciclos de nacimiento anual, la muerte y el renacimiento. En lugares remotos y seguros como los refugios de Bitter Lake y Muleshoe, las aves, finalmente, descansan y se recuperan durante los cortos días de invierno. Y así estarán listos para otro vuelo hacia el norte, en la primavera, cuando el sol de nuevo vuelve a dar calor y luz a las congeladas tierras del norte.

2013 Suplemento

La grulla más común en el mundo es en la actualidad la grulla gris. En la primera edición de este libro, sus números estimados fueron: grulla gris menor: 500.000, grulla gris canadiense: unos pocos miles, rulla gris mayor: 35.000-40.000, grulla gris Florida: sobre 4.000, y las grullas grises del Mississippi y el cubano: cerca de 50 aves cada una.

La más numerosa de estas razas, es la grulla gris menor la cual tiene dos poblaciones. Una reúne un número relativamente pequeño (más o menos un diez por ciento) que anidan en el sur de Alaska y pasan el invierno en el valle central de California. La otra de mayor abundancia consiste en la población "del centro del continente", que se reproduce en la tundra ártica de las llanuras de Kolymskaya en el este de Siberia hasta la costa de Alaska y el norte de Canadá, y que pasa el invierno miles de kilómetros al sur, en los humedales ampliamente distribuidos en el sureste de Arizona, Nuevo México, Texas y el norte de México. Sin embargo, durante el vuelo de primavera hacia el norte casi toda la población del centro del continente se concentra durante el mes de marzo en el Valle del río Platte, donde puede ser fácilmente contada. El promedio de aves que el U. S. Fish and Wildlife Service ha censado en el Valle del Platte durante el período 2002-2004 fue de 375.875 aves, en comparación con las máximas estimaciones de 510.000 en 1982 y 515.000 aves en 1985. El contar de una manera adecuada semejante densidad de grullas es dificultoso, pero los datos indican que aparentemente esta población a disminuido ligeramente desde los 1980 hasta principios de los 1990

Las grullas no son las únicas aves que utilizan el Valle del río Platte durante la primavera. Desde la década de 1990 más de un millón de gansos nivales han modificado su ruta tradicional de primavera a lo largo del valle occidental del Missouri a este valle fértil, donde ahora se reúnen con más o menos el millón de gansos canadienses, gansos cacareadores y gansos de frente blanca, que han utilizado tradicionalmente esta región como un área de descanso de primavera. Los gansos nivales resistentes al frío suelen alcanzar su máxima abundancia casi tres semanas antes de que las grullas alcancen su número máximo, y comienzan más temprano el consumo de residuos de maíz que ha sido la principal fuente de alimento de la grulla gris desde el advenimiento de la cultura de producción del maíz en la región, que se desarrolló después de la Primera Guerra Mundial.

La agricultura a base de maíz, que se multiplicó con el desarrollo del riego de pivote central unas décadas más tarde, usa cantidades cada vez mayores de agua que se ha desviado directamente del Platte o bombeadas desde su nivel freático estrechamente asociado. Como resultado, los niveles de agua subterránea han declinado entre 1999 y 2006 en un promedio de casi dos metros en el Distrito de Recursos Naturales del Platte Central (Central Platte Natural Resources District). No sólo los niveles de agua subterránea disminuyeron seriamente en este momento, sino después de una prolongada sequía y por un aumento de los desvíos de agua superficial aguas arriba, el río Platte mostro ser agotable. Durante ese período, el mayor embalse del Valle del Platte, el Lago McConaughy, también se redujo a niveles históricamente bajos, y por varias semanas durante los veranos de 2002 al 2006 el río se secó completamente, desde Grand Island a Columbus.

Como parte de un acuerdo de renovación de las licencias federales, largamente negociadas, los operadores del Lago McConaughy acordaron en 1998 reservar el diez por ciento de las entradas almacenables del lago como una "Cuenta Ambiental". Esta agua sería liberada para mantener los hábitats de humedales de Valle Central del río Platte cuando fuera necesario. En esencia, el plan de recuperación, formalizado en 1997 por el Departamento del Interior y los tres estados afectados, cumpliría con los requisitos básicos de la Ley de Especies en Peligro de Extinción, protegiendo así a las grullas y otras tres especies del listado federal. La función principal del acuerdo comprendería agregar y recuperar hasta 30 mil hectáreas de humedales en el Valle Central del Platte. Queda por verse si el costo del plan de recuperación será financiado en su totalidad y promulgado por las partes participantes. El Estado de Nebraska ya falló en lograr las cuotas de reducción de agua de irrigación proveniente de pozos perforados que, según el acuerdo inicial del plan de recuperación en 1997, se esperaba que debiera haber alcanzado en noviembre del 2008. Si Nebraska o las otras partes se quedan cortas, se pondrá en riesgo el futuro del Valle de Platte como zona primaria de pernocta en la primavera de las grullas y demás aves acuáticas migratorias.

Mientras que el riego de pivote central en el Valle del Platte ha producido mucho más maíz que la previa gricultura de tierras secas, la deshidratación progresiva del río Platte ha tenido efectos desastrosos en la ecología, tanto del río como de los sub irrigados prados húmedos asociados. Sin embargo, incluso con el casi monocultivo de maíz de hoy en día en el Valle del Platte, las grullas han tenido mayores dificultades para encontrar suficiente residuos de maíz cada primavera para acumular suficiente grasa corporal, que les permita reunir la energía suficiente para transportarlas a miles de kilómetros hasta sus áreas reproductivas en la tundra. La tecnología de cosecha ha mejorado progresivamente, reduciendo gradualmente la cantidad de maíz que queda sin cosechar. Para las grullas asociadas al Ártico, una combinación de un bajo número de pastizales húmedos (fuente principal de invertebrados en su dieta) y un suministro reducido de su alimento primario básico rico en carbohidratos implica que tendrán una disminución en sus posibilidades de sobrevivencia a la migración de primavera y de completar con éxito la próxima temporada de reproducción. El aumento gradual en primavera de las poblaciones de gansos nivales en el Valle del Platte se ha sumado a las de otras poblaciones de gansos ya presentes, y han aumentado los problemas de demanda de recursos con los cuales las grullas incorporan grasas durante su período de parada en el Platte River. Gary Krapu observó que los pesos corporales de grullas grises menores y mayores medidos a finales de Marzo pesaron más en promedio en 1978 y 1979 que en 1996.

El aumento del estrés en la búsqueda de alimento de primavera no es el único peligro que las grullas se enfrentan ahora. La caza "recreativa" de la grulla se ha popularizado cada vez más en las Grandes Planicies desde que se inició como una temporada de caza "experimental" en Texas y Nuevo México durante la década de 1960. La caza legal de la grulla se produce ahora en Colorado, Kansas, Montana, Nuevo México, Dakota del Norte, Dakota del Sur, Texas y Wyoming. La popularidad de la caza de la grulla ha ido aumentando en estos estados, y Nebraska sigue siendo el único estado en su ruta migratoria central que todavía carece de una temporada abierta. Para el período de 30 años desde 1975 hasta 2004, la matanza colectiva de grullas en estos estados, incluyendo aquellas aves muertas pero no recuperadas, fue en promedio 15.719 aves. Ha habido un aumento gradual de muertes durante este período de tiempo. Por ejemplo, entre 1975 y 1984, el promedio total de muertes fue de 12.010, mientras que entre 1995 y 2004 el promedio de diez años fue 19.044 aves, con un aumento del 58 por ciento. La matanza total para la temporada 2005-06 fue de 20.063. Durante las temporadas 2004-05 y 2005-06 los cazadores de Texas generaron el 64,5 por ciento del total de muertes, y Dakota del Norte representó el otro 23,4 por ciento.

La caza de la grulla gris también ocurre en Alaska, Canadá y México. Los datos disponibles sugieren que las matanzas en estas regiones son comparativamente más pequeñas. Entre 1975 y 2001, el promedio de muertes reportadas en Alaska fue inferior a 1.000 aves, y el de Canadá (Manitoba y Saskatchewan) promedió menos de 5.000 aves en el mismo período. Sin embargo, el promedio 2000-2002 de la matanza en Canadá fue 8.728 aves, sugiriendo recientes índices crecientes de mortalidad similares a las de los EE.UU. No hay datos disponibles en México. Sin embargo, la adición de los números conocidos de Canadá y Alaska a los estados de la ruta migratoria central, es probable que al menos 30.000 grullas estén siendo sacrificadas legalmente en Alaska, Canadá y en los estados de la ruta migratoria central.

Suponiendo que la población de grullas del centro del continente tiene ahora aproximadamente 400.000 aves en primavera, y hay una tasa de reclutamiento del 9,0 por ciento, alrededor de 36.000 grullas jóvenes deben entrar en la población en el otoño. En ese caso, casi el 90 por ciento del potencial incremento anual de la población están siendo matadas por los cazadores, dejando muy pocos potencialmente susceptibles a los factores de mortalidad básicos como la depredación, enfermedades y accidentes. Puesto que poblaciones de grullas no cazadas, como la raza Florida, tienen una tasa de mortalidad conocida de por lo menos el diez por ciento, se podría esperar una pérdida adicional de 37.000 aves por estas fuentes cada año. La aparente disminución reciente en la abundancia en esta población no es tanto un enigma biológico, pero lo que si es un misterio es el por qué los administradores de U.S. Fish and Wildlife Services (USFWS) valoran más la denominada matanza "recreativa" de grullas grises, por encima de la valoración de estas aves en base a sus valores estéticos fundamentales, como en general, es reconocido en todo el mundo civilizado.

La grulla gris mayor lo ha hecho relativamente mejor que la grulla menor en las últimas décadas. Se compone de cuatro grandes poblaciones, además de una pequeña que ha sido reconocida recientemente como algo distinta. Las estimaciones de población de estos han sido proporcionadas por Curt Meine y George Archibald, a partir de principios a mediados de la década de 1990. La población oriental de los Grandes Lagos (Great Lakes) probablemente supera las 40.000 aves que migran a zonas de invernación en el sur de Georgia y Florida. Esta población ha aumentado considerablemente en las últimas décadas, y se ha ampliado su rango en algunas partes de su rango histórico de distribución en el sur de Minnesota, Iowa, Illinois, Ohio, Pennsylvania, Nueva York y Maine. Una población cercana en el noroeste de Minnesota y partes adyacentes de Manitoba y Ontario comprende quizás 10.000-15.000 aves. A diferencia de las otras, la bandada de Minnesota emigra directamente al sur para pasar el invierno en la costa de Texas, donde se entremezclan con las grullas más pequeñas del norte de Canadá, y están expuestas significativamente a la caza deportiva.

La población de las grullas grises mayores de las Montañas Rocosas (Rocky Mountain) fue estimada en 20.000-21.500 en la década de 1990 por Roderick Drewien, Wendy Brown y William Kendall, y a su juicio es una población estable o ligeramente decreciente. Estas aves tienen su parada principal durante el otoño en el Valle de San Luis de Colorado, y la invernación se produce en el oeste de Nuevo México y el sureste de Arizona. Las tasas de reclutamiento promedio anual en otoño, en más de 21 años, fue de 8,1 por ciento, y las tasas de supervivencia varió desde 91 hasta 95 por ciento durante ese período. Arizona inició una temporada de caza en 1981, y más tarde se le unió sucesivamente Nuevo México,

Utah, Montana e Idaho. En 1995, Drewien, Brown y Kendall concluyeron de los datos de reclutamiento y mortalidad de la población de las Montañas Rocosas no podía sostener un aumento de las cosechas (cazas). El promedio de mortalidad reportado desde 1990 hasta 1994 fue de 406 aves. Sin embargo, para el año 2002, alrededor de 600 a 800 grullas fueron matadas cada año por la caza deportiva en estos cinco estados, lo que indica que no se han hecho esfuerzos en el control de la mortalidad.

Además, hay una población relativamente pequeña (1.400-2.100) que se reproduce en el noreste de Nevada y el suroeste de Idaho, e inviernan a lo largo del bajo río Colorado y el río Gila en Arizona, y en el Valle Imperial de California. También hay una población más grande (6.000-6.800), que se reproduce desde el sur de Columbia Británica hasta el noreste de California, e invernan en los valles centrales y el Imperial de California. Al menos esta última población podría estar aumentando.

Se piensa que la raza residente de la grulla de la Florida es una población estable. Desde finales de los años 1970 se han censado cerca de 4.000 aves, todas en Florida, a excepción de una población en el pantano de Okefenokee, Georgia. Los estudios realizados por Stephen Nesbitt y otros indican que estas aves pueden intentar reproducirse cuando los machos son de tan sólo dos años y las hembras de tres años. La edad modal de la primera reproducción exitosa era de cinco años, y la media de la productividad individual fue de 0,35 crías por año. Hay una larga temporada de reproducción de hasta nueve meses. Se han observado hasta tres esfuerzos de reanidación; incluso reanidación después de que los polluelos han sobrevivido al menos 16 días, con un intervalo de reanidación promedio de 19,5 días. El tamaño promedio de la nidada en 210 nidos fue de 1,78 huevos y el promedio de volantones fue de 1,27. Estos son algunos de los más altos tamaños de cría reportados para cualquier población de grulla. Los porcentajes anuales de juveniles en la población variaron entre 6,7 a 17,8 porciento en siete años, con un promedio del 11,9 porciento. La supervivencia anual de adultos se estimó en 86,7 porciento. Un estudio similar en Georgia indicó una tasa promedio de supervivencia de los adultos de 89 por ciento, las hembras teniendo tasas de supervivencia algo mayor que los machos, y los adultos mayor que los subadultos. El gato montes es un depredador evidentemente importante de esta raza de la grulla gris. En total, estas estadísticas indicarían que esta debería ser una población en expansión. Sin embargo, la población de Florida está aparentemente limitada por la fragmentación y pérdida de hábitat. No obstante, se ha adaptado muy bien a situaciones a veces casi suburbanas.

Las razas de la grulla de Mississippi y de Cuba pueden ser los últimos vestigios supervivientes de una sola población que se extendía al menos desde Florida a Cuba y al oeste a lo largo de la costa del Golfo de Mississippi. La raza Mississippi está limitada a un solo refugio nacional de vida silvestre de 19.400 acres, de las cuales sólo unos 12.500 acres son adecuados para las grullas. Probablemente siempre pequeña, la población total no excedió de 100 aves hasta finales de 1980. En los últimos años la población ha llegado a cerca de 130, y se ha complementado con aves criadas en cautiverio, debido a que la población silvestre ha sido incapaz de mantenerse a sí misma. También, la grulla de Cuba es una población remanente de hábitats residuales limitados, y en las últimas décadas su número ha disminuido. Según Curt Meine y George Archibald, las aves sobrevivientes tienen una distribución dispersa en 13 localidades de Cuba, desde Pinar de Río al oeste hasta el delta del río Cauto, en el este, así como la Isla de la Juventud y algunas pequeñas islas. Las aves se encuentran en las sabanas, pastizales, humedales y pantanos. La población total puede consistir en cerca de 650 pájaros, y se cree que está aumentando como resultado de los esfuerzos de conservación cubanos.

IV. La grulla blanca (whooping crane)

Breve historia de la especie

Si alguna especie de ave simboliza el movimiento conservacionista norteamericano de este siglo, y ha sido una de las muchas especies silvestres que llegaron cerca la extinción, es la grulla blanca. Probablemente nunca fue muy común, y la abundancia de la población de la grulla blanca quizá fue menos de 2.000 en el momento de la colonización europea, pero su área de reproducción probablemente se extendió ampliamente a través de las praderas y pantanos del interior de América del Norte. El primer registro conocido de la especie en la literatura ornitológica data de 1722, cuando el naturalista Inglés Mark Catesby visitó Carolina del Sur y obtuvo la piel de una grulla blanca de un hombre indígena). Catesby, con razón consideró a ésta una especie previamente sin descubrir y la llamó *Grus americana alba.* Sin embargo, no fue hasta más de un siglo después que el Museo Nacional de los Estados Unidos finalmente obtiene una piel de grulla blanca para su propia colección.

Después de la Guerra Civil y la apertura del oeste a la colonización, la grulla blanca fue encontrada cada vez más, y sus hábitats de cría e invernación fueron alterados progresivamente y finalmente destruidos. Las últimas tres décadas del siglo XIX fueron especialmente desastrosas para las aves, ya que durante ese período no sólo fueron matadas por los cazadores del mercado, y los recolectores de huevos, pero también los taxidermistas se dieron cuenta del gran valor de los huevos y pieles de la grulla blanca y las pieles para los museos y otros coleccionistas. Se ha sugerido que tal vez hasta el 90 por ciento de toda la población fue destruida durante ese período relativamente breve, cuando los ricos pastizales de las Grandes Planicies de los Estados del norte y las provincias de las praderas también se fueron convirtiendo en granjas. De esta manera, la anidación en Illinois fue eliminada en 1880, y durante los siguientes diez años, las aves perdieron sus individuos reproductores en Minnesota y Dakota del Norte. Durante la década de 1890 las aves también fueron eliminadas de Iowa, lo que representó el último registro de reproducción conocido en los Estados Unidos. Sin embargo, en el lado sur de Canadá las aves persistieron más tiempo, con un par de anidaciones descubiertas más tardiamente hacia 1922 en Muddy Lake, Saskatchewan. El polluelo de esta pareja se colectó para un museo canadiense, y así terminó el último sitio de anidación conocido de la especie en América del Norte.

Durante este período se supo que una población de grullas blancas todavía existía en las marismas costeras del sur de Louisiana. Estas aves sin duda representaban aves invernantes de las Grandes Llanuras o más al norte, y al parecer también incluian una población de tamaño desconocido. Durante la década de 1920 el U.S. Army Corps of Engineers extendió los canales internos en "Grand Lake", Louisiana, haciendo por lo tanto accesible las grandes extensiones de pantanos costeros a los cazadores y las praderas de pastos altos adyacentes a los agricultores, que rápidamente fueron convertidos en zonas de cultivo de arroz. En 1940 la población de grulla blanca de Louisiana había disminuido a sólo 6 individuos, menos de la mitad del total del año anterior.

Durante la década de 1930 se hizo evidente que la mayor población de grulla blanca restante consistia en aves que invernaban en la costa de Texas en el área de la Península Blackjack (entre Aransas y bahía de San Antonio) en el condado de Aransas. Sus áreas de reproducción se consideraron en algún lugar al norte de las fronteras de Estados Unidos, muy probablemente en las vastas e inexploradas regiones del norte de Canadá. Un momento crítico en la historia de la supervivencia de la grulla blanca se produjo durante la década de 1930, cuando el Bureau of Biological Survey (Oficina de Estudios Biológicos, que posteriormente se convirtió en U. S. Fish and Wildlife Service) compró cerca de 75 kilómetros cuadrados de la Península de Blackjack para la preservación del hábitat. En diciembre de 1937 se estableció el Aransas Migratory Waterfowl Refuge, (más tarde llamado Aransas National Wildlife Refuge), y las zonas de invernación de la grulla blanca, finalmente, quedó bajo completa protección.

Esta protección no llegó en el momento justo, para el otoño de 1938, sólo 14 grullas adultas y 4 juveniles llegaron al refugio recién creado para pasar el invierno. Estos, junto con las 11 aves que todavía existian en Louisiana, representaron un total de sólo 29 grullas blancas en existencia. A pesar de esta protección, la población de Texas no respondió de inmediato, y tal vez se llegó a un mínimo histórico en 1945, cuando sólo se conocían dos grullas sobrevivientes en Louisiana y 17 que se encontraban en la zona de invernal de Aransas. Teniendo en cuenta que algunos de ellos eran juveniles, subadultos o adultos no emparejados y no reproductivos, el número real de las restantes parejas reproductoras fue estimado de tres a cuatro. Durante la década de 1940 la población de Luisiana se redujo de 6 aves en 1940 a sólo un individuo en 1948.

Durante este período crítico, como los EE.UU. fueron finalmente saliendo de los años oscuros de la Segunda Guerra Mundial, se hizo cada vez más evidente que, si la especie iba ha ser salvada, sería necesario localizar y proteger sus lugares de reproducción. De esta manera, en 1945, ambos el U. S. Fish and Wildlife Service y la National Audubon Society establecieron un proyecto de la grulla blanca, acordando un patrocinio conjunto de estudios de campo, investigación sobre la biología de la grulla, y sobre todo la búsqueda del área reproductiva de la grulla blanca. Esta taréa casi imposible fue tomada inicialmente por Fred Bard, Jr., del museo provincial en Regina, Saskatchewan. Bard utilizó los registros históricos de la migración y reproducción para reducir su ámbito de búsqueda a diversas partes del este de Alberta y Saskatchewan. Su trabajo de campo se inició en la primavera de 1945, cuando él y Robert H. Smith, un biólogo del Servicio Americano de Pesca y Vida Silvestre asignado al proyecto, buscaron infructuosamente a través de muchas de estas áreas. Durante la siguiente temporada de reproducción, la búsqueda fue realizada por el Dr. O. S. Pettingill, Jr., quien igualmente buscó zonas potenciales de reproducción en Manitoba, Alberta y Saskatchewan, en parte con la ayuda de Robert Smith, pero de nuevo sin éxito.

Cuando el Dr. Pettingill tuvo que regresar a sus actividades docentes en otoño, un biólogo de la Sociedad Nacional Audubon fue nombrado para reemplazarlo. Este hombre dedicado e incansable, Robert Porter Allen, ya había realizado una importante labor en la conservación de la espátula rosada, y fue la elección perfecta para una tarea de enormes proporciones. Durante el invierno 1946-1947, Allen estudió la territorialidad invernal de las grullas en Aransas y también hizo observaciones importantes sobre los alimentos y el comportamiento de forrajeo, los hábitats utilizados por las grullas, y similares. En la primavera siguiente partió para Canadá en busca de posibles áreas de anidación en Manitoba, Saskatchewan y Alberta, con la ayuda de Robert Smith. Al igual que las búsquedas anteriores, esta también no tuvo éxito, y se convirtió cada vez más evidente que las aves debian estar anidando más al norte de lo que nadie había sospechado previamente. Curiosamente, ya en 1864 dos nidos habían sido descubiertos en el distrito Mackenzie de los Territorios del Noroeste, uno cerca de Fort Resolution y el otro sobre el río Salado (Salt River). Ambos habían sido encontrados en hábitat del parque Aspen, que fue considerado por Allen como el hábitat de anidación más probable de Canadá. Estos dos nidos fueron de los primeros que se habian descubierto para la especie, y por lo tanto la zona sur en general del Gran Lago Slave (Esclavo) habían sido escaneados brevemente desde el aire por Allen y Smith en 1947. Este esfuerzo también fracasó, tal vez porque el mal tiempo habia causado en gran medida la visibilidad reducida en la zona más prometedora.

En 1948, Allen decidió que se debia buscar en el vasto desierto al norte del Gran Lago Slave. Sin embargo, después de importantes reconocimientos aéreos de las zonas costeras y del interior, ningún rastro de las grullas se pudo encontrar ese verano. Así, cuatro años de búsquedas no condujeron a parte alguna. En su frustración Allen se volcó a escribir sus datos sobre la especie, que fue publicado por la Sociedad Nacional Audubon como un informe especial de investigación en 1952.

En 1952, la primera pista real de los sitios de anidación surgió cuando Robert Smith encontró dos grullas durante julio en una zona de desierto cerca del Gran Lago del Slave, al sur del distrito Mackenzie. Sin embargo, un segundo vuelo sobre la misma área en agosto no reveló la presencia de grullas. Otro posible avistamiento de un solo pájaro se hizo al año siguiente en la misma área general, y durante el otoño de ese año se vio una bandada de ocho aves migratorias a lo largo del río Slave (Esclavo), al sur del Gran Lago Slave. Por lo tanto, un modelo que implicaba al río Slave como una ruta migratoria de las aves de cría, si no para anidar, parecia estar surgiendo. Para entonces, los recuentos invernales indicaron que unas dos docenas de grullas blancas existían, lo que sugería un leve repunte en sus números totales, pero sin resultados reales evidentes de la protección conferida por el Refugio Invernal de Aransas.

El hallazgo crítico finalmente fue hecho en 1954 por William Fuller, un especialista en mamíferos del Servicio Canadiense de Vida Silvestre trabajando en Fort Smith, en el río Slave. Fuller estaba haciendo un estudio de mamíferos como los bisontes en la región de Fort Smith cuando recibió un mensaje de radio el 30 de junio de que probablemente tres grullas blancas (incluyendo un juvenil) habían sido vistas en las cercanías del Wood Buffalo Park. Este vasto parque natural de más de 11 millones de acres se había establecido en la región a lo largo de la frontera del Distrito Alberta - Mackenzie, en gran parte para proteger a la raza de bisonte de "tierras de bosques" (Woodland). En su camino en helicóptero para visitar un incendio reportado en un área inaccesible en los límites del parque, Fuller exploró el área donde las grullas habían sido avistadas ese mismo día, encontrando dos grullas blancas adultas. Más tarde, en el vuelo encontró un adulto adicional a cierta distancia, cerca del río Nyarling. Esta noticia se informó rápidamente a las autoridades canadienses de fauna y a Robert Allen, quien de inmediato comenzó a arreglar con Canadá y agencias de Estados Unidos para una búsqueda detallada de la zona a ser realizada el año siguiente.

Así, en 1955, el escenario fue finalmente establecido el descubrimiento de los sitios de anidación, que, irónicamente, resultó ser en un área ya protegida, es decir, Wood Buffalo Park. Por fin, Robert Allen y un asistente de Fuller, Ray Stewart, fueron capaces de llegar a las zonas de anidación, y el 18 de mayo Stewart y Fuller encontraron siete grullas blancas, dos de los cuales fueron observados de pie junto a sus nidos. Después de una gran cantidad de dificultades, el 23 de junio Allen llegó a un territorio de anidación en helicóptero y a pie, donde fue finalmente recompensado con una vista de la pareja reproductora "exhibiéndose" directamente en frente de él. Después de casi una década de esfuerzos, la mayor búsqueda de la vida salvaje en la historia de América del Norte fue terminada con éxito. En sus notas escribió: "Nos ha llevado 31 días y mucha penuria, pero sepan que a las 2 pm en el día de hoy 23 de junio ¡estamos en la tierra de las grullas blancas! ¡Por fin hemos llegado!". Observaciones aéreas más tarde en ese verano indicaron que al menos 11 adultos estaban presentes en el área general del norte de Wood Buffalo Park, en la zona entre los ríos Sass y Nyarling, estas aves representaban alrededor de seis pares y sus seis juveniles. Cuatro de las parejas reproductoras fueron encontradas en la zona del río Sass, y dos parejas adicionales además de varios individuos aparentemente no reproductivos se encontraban en la zona del río Klewi. En total, el área de Wood Buffalo Park aparentemente representó casi toda la población reproductora norteamericana de grullas blancas, aunque Allen creía que la región al norte del Gran Lago Slave podía a veces ser utilizado por individuos no reproductivos errantes.

Durante el otoño de 1955 unas 28 grullas blancas volvieron a Aransas, incluyendo 8 juveniles, el número más alto registrado desde la creación del refugio. Por fin, el viraje del destino al parecer había cambiado. Las aves continuaron una ascensión muy lenta en los números, de manera que en 1965 había 44 aves registradas en Aransas, y en 1975 hubo 57.

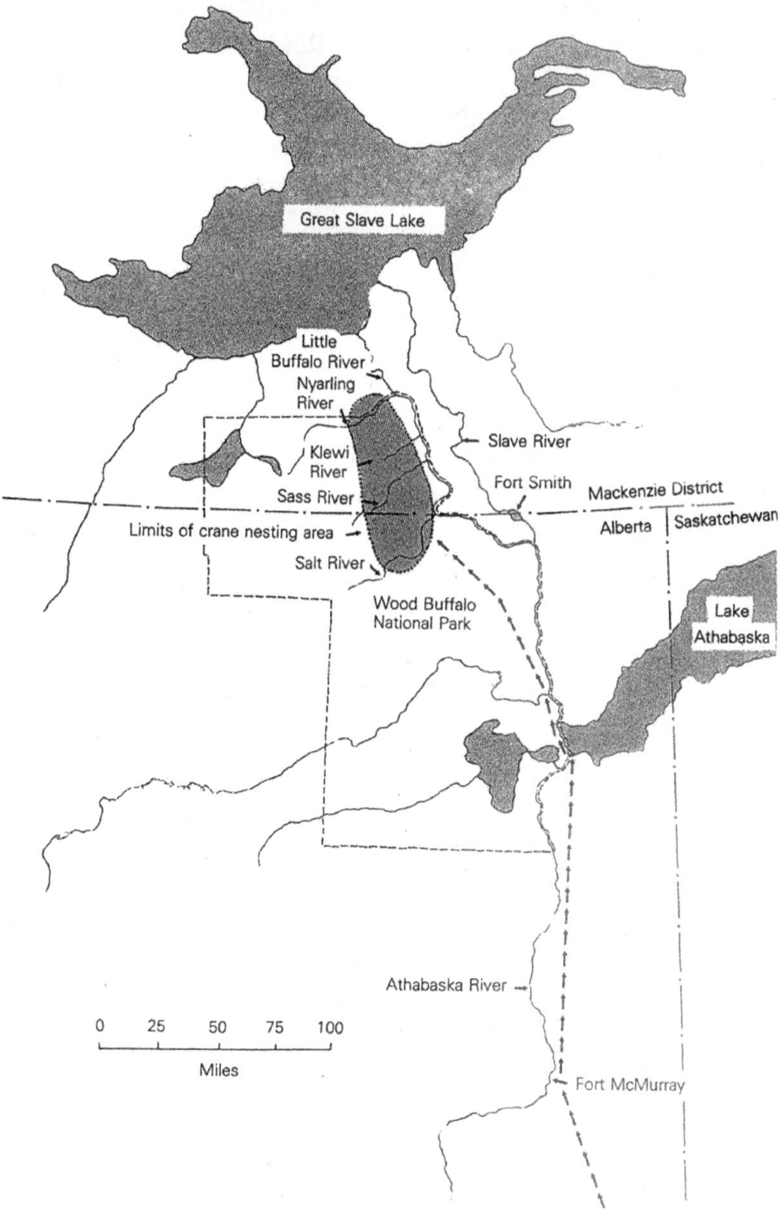

Área de reproducción (sombreado) de la grulla blanca en el Parque Nacional Wood Buffalo y sus alrededores. Las flechas indican las rutas de migración aproximadas seguidas por las grúas durante la primavera. Adaptado de un mapa en McCoy (1966).

Durante la década de 1960 se inició una población en cautiverio de grullas en el U. S. Wildlife Research Center en Patuxent, Maryland. Esta población cautiva fue producida a través de la remoción de huevos individuales de las nidadas de las parejas silvestres que anidan en Wood Buffalo Park, siendo incubados y críados en cautiverio. Se esperaba que se pudiera obtener de este modo la información biológica básica sobre grullas blancas, y, además, que la progenie de estas aves criadas a mano con el tiempo pudiera ser producida y puesta en libertad en la naturaleza. Sin embargo, esta bandada nunca ha llegado a ser muy grande, en parte debido a la alta mortalidad de los polluelos, y en 1988, ésta contenía sólo seis hembras reproductivamente activas. En parte para reducir los peligros de perder parte o la totalidad de esta bandada por enfermedad, se planeó que una segunda población cautiva se desarrollara en Canadá, a partir de principios de 1990. Además, la mitad de la bandada de grullas blancas de Patuxent recientemente fue enviada a la International Crane Foundation en Wisconsin para proteger este patrimonio genético invaluable con mayor efectividad.

A mediados de la década de 1970, el Canadian Wildlife Service y U. S. Fish and Wildlife Service comenzaron un programa aún más experimental. Fue diseñado tanto para aumentar la población total de grullas blancas y también para tratar de establecer una segunda bandada independiente, cuya ruta migratoria podría ser mucho más corta y menos peligrosa que la larga ruta desde Wood Buffalo National Park a Aransas National Wildlife Refuge. Encabezado por personas como el Dr. Roderick Drewien, la idea era remover uno de los dos huevos de todos los nidos de grulla blanca como fuera posible, y tratar de incubar algunos de estos en cautiverio y posteriormente desarrollar la cria en Patuxent. Otros huevos se transportaron rápidamente a Grays Lake National Wildlife Refuge en el sureste de Idaho, donde serían colocados en los nidos de las grullas grises mayores, para ser incubados y adoptar la cría de estas aves. El huevo restante de la grulla blanca quedaría en cada nido para ser criados por sus padres normalmente. Aunque esto parecia reducir el potencial productivo de la población de Wood Buffalo National Park, las grullas blancas rara vez tenian éxito en la crianza de dos polluelos, debido en parte a la competencia por el alimento que se producía entre los juveniles. Teniendo asi un solo polluelo que criar la productividad de la pareja no sería notablemente reducida y posiblemente más bien sería mejorada, debido al gran cuidado que los progenitores le darían a un solo polluelo.

Esta idea innovadora que planteaba un gran número de riesgos, tales como el peligro de que las grullas blancas abandonaran sus nidos por las perturbaciones, el posible daño a los huevos en tránsito, y el peligro de que las grullas grises no fueran capaces de aceptar y criar a sus polluelos adoptados. También existía el riesgo de que las grullas blancas juveniles no respondieran adecuadamente a sus "padres" exóticos o, aún más inquietante, podrían dejar la impresión (imprint) en ellos y crecer pensando que ellos también eran grullas grises, y por lo tanto fueran incapaces de reconocer y aparearse con su propia especie.

Todos estos puntos fueron sopesados con cuidado, pero finalmente se decidió que los posibles riesgos se verian compensados por los beneficios potenciales, y el proyecto se inició en 1975. Los huevos fueron sustituidos por la remoción tanto de los huevos de grulla gris de un nido activo y su sustitución por un solo huevo de grulla blanca. A veces sólo un solo huevo de grulla grisera removido, y el segundo se quitaba antes de la eclosión. Además de los huevos silvestres tomados, algunos huevos adicionalmente se obtuvieron de la población cautiva de grullas blancas que se habían levantado poco a poco en Patuxent Wildlife Research Center. Entre 1975 y 1977 un total de 45 huevos de grullas salvajes fueron transportados a Grays Lake, y 16 huevos adicionales fueron enviados allí desde la población en cautiverio en Patuxent. El proyecto parecía estar perseguido por la mala suerte desde el principio, con muchas pérdidas de huevos y pollos por el clima frío, inundaciones de nidos y la depredación por coyotes. De los 45 huevos silvestres enviados a Grays Lake durante los dos primeros años del proyecto, 35 eclosionaron, 13 llegaron a volantones, y tres de los juveniles todavía estaban vivos dos años después de la eclosión. Sólo cinco de los 16 huevos de Patuxent eclosionaron, y ninguno de sus polluelos sobrevivieron a volantones. Gran parte de la mortalidad de los volantones fue causado por los coyotes, pero los juveniles que sobrevivieron emigraron como se esperaba con sus padres adoptivos a áreas de invernales tradicionales de la grulla gris mayor en el Valle del Río Grande de Nuevo México.

A pesar de estas primeras decepciones, los trasplantes de huevo adicionales a Grays Lake se llevaron a cabo en forma anual hasta 1988. Como resultado, el grupo de adoptados por la bandada de Grays Lake creció lentamente. Durante el mismo período, la bandada original de Buffalo-Aransas estaba también en pleno apogeo, a pesar de estas mudanzas de huevos anuales (las tasas anuales de reclutamiento de jóvenes en destino a Aransas promedió de 10,7 por ciento para el período 1975-1985, en comparación con 11,2 por ciento para la década previa). En 1988 unos 289 huevos habían sido trasplantados a Grays Lake de Wood Buffalo Park y Patuxent y la nueva bandada alcanzó un máximo de 33 aves en 1985. Sin embargo, desde entonces este número disminuyó con bastante rapidez, por lo que para la primavera de 1989 se contaban sólo 13 individuos. Las causas de esta caída en picada son inciertas, pero las muertes causadas por colisiones de líneas de alta tensión han demostrado ser una seria amenaza para las aves, y, además, la tuberculosis aviar se había detectado en la población. Igualmente preocupante fue el hecho de que ninguna de las grullas blancas adoptadas habian tratado de aparearse, o incluso formar vínculos de pareja, esto generó la resurrección de los temores de que la exposición temprana a los padres de la alienígena grulla gris podía haber afectado seriamente los procesos de socialización normales y tendencias sexuales de los polluelos la de grulla blanca. Debido a la aparente falla del transplante de Grays Lake, se decidió en 1989 abandonar otros trasplantes de huevos en esa localidad. En su lugar, esfuerzos futuros de este tipo podrían utilizar una ubicación más al sur, donde no se producia migración en absoluto. La localidad con más probabilidades a ser elegida fue la pradera de Kissimmee en los condados de Osceola y Okeechobee del centro-sur de Florida, donde una población residente protegida de grulla gris de Florida estaba disponible para proporcionar a los potenciales padres adoptivos, y un nivel relativamente alto de éxito reproductivo ha sido típico en los últimos años.

Más alentador, fue la bandada original de grullas invernantes en Aransas que alcanzó una cifra récord de cerca de 150 aves en el invierno de 1989-1990, incluyendo algunas 32 parejas reproductoras y alrededor de 20 juveniles.. En la primavera de 1990 la población total de grullas blancas incluyó 141 aves en la bandada principal de Wood Buffalo-Aransas, 13 en la bandada en declinación de Grays Lake-National Wildlife Refuge, y más de 50 indviduos adicionales en cautiverio, la mayoría de los cuales estaban en la International Crane Foundation (I. C. F.), en Wisconsin.

Durante el otoño de 1990 un total de 155 grullas dejaron Wood Buffalo Park, incluyendo 14 juveniles, que fue el producto final de los 32 nidos iniciales. Esta generación de juveniles representó una tasa de reclutamiento anual de alrededor del 9 porciento, o ligeramente por debajo de los promedios recientes. Con el fin de contrarrestar la mortalidad postjuvenil anual y continuar con el crecimiento de manera significativa, la tasa de producción anual de la bandada de Wood Buffalo debe exceder regularmente 10 por ciento. En caso de que la reproducción fuera favorable en Wood Buffalo Park, y que la alta supervivencia de los post- juveniles alcanzara niveles de al menos un continuo 90 por ciento, las autoridades canadienses y estadounidenses tendrían la esperanza de que se podría alcanzar un núcleo mínimo de 40 parejas reproductoras silvestres para mediados de la década de 1990.

Sin embargo, los peligros siempre están presentes para esta bandada altamente vulnerable, tales como el hacinamiento en el área invernal, las enfermedades, los derrames de petróleo, huracanes y otros desastres potenciales, que deben mantenerse siempre en mente, y todavía puede pasar algún tiempo antes de que la grulla blanca finalmente tenga algo por lo cual gritar Whoop!

Estaciones de la grulla blanca

La temporada de invierno

Durante casi la mitad de año, desde aproximadamente principios de noviembre hasta mediados de abril, la bandada principal de grullas blancas ocupan zonas tradicionales de invernación a lo largo de una parte muy pequeñade la costa de Texas. Allí las aves están distribuidas en parejas y grupos familiares, que mantienen los territorios de alimentación en forma exclusiva. Estos territorios a lo largo de las franjas de agua salinas se establecen poco después de la llegada del otoño y se mantienen hasta justo antes de la salida en la primavera. En los bordes de los territorios de las aves estas pueden mostrar comportamientos de amenaza o incluso luchar entre sí. Dentro de los territorios las aves forrajean una amplia diversidad de animales y vegetales, pero sus alimentos principales consisten en el cangrejo azul, cangrejo de rio, camarón, camarón pistola, gusanos poliquetos y la almeja navaja. Los más importantes de éstos son el cangrejo azul, el camarón y otros crustáceos, que son abundantes y fáciles de capturar. Otros organismos de origen animal son probablemente tomados según su disponibilidad, pero los alimentos vegetales son al parecer de menos importancia en la dieta de invierno a diferencia de las grullas grises.

En promedio, cerca de 400 acres de salinas, lagunas y estuarios constituyen un solo territorio, que típicamente incluye varios estanques, planos de sal y el frente de playa a lo largo de una o más de las bahías interiores. El macho de la pareja tiene la responsabilidad principal de defender el territorio, y también sirve como el líder en el desarrollo de todos los movimientos a diferentes zonas del territorio. De vez en cuando dos parejas en territorios adyacentes pueden acercarse paulatinamente entre sí durante la búsqueda de alimento, emitiendo llamadas de manera desafiante al llegar a los bordes de sus territorios. Tal señalización es probable que sea suficiente, y por lo general las aves se mueven poco a poco aparte otra vez. Las excepciones al código de comportamiento territorial pueden ocurrir si los propietarios de los territorios adyacentes están estrechamente relacionados, en cuyo caso un inusual grado de tolerancia puede ser típico.

Una vez Robert Allen observó dos machos que se acercaban entre sí en los mismos bordes de sus territorios donde éstos estuvieron en contacto finalmente uno frente al otro, solo a un metro de distancia. Luego dejaron caer sus plumas primarias del ala negra, levantaron sus plumas ornamentales (las plumas secundarias más internas alargadas), apuntaron sus picos hacia el cielo, y emitieron sus sonidos de llamadas. Las hembras que estaban cerca pronto se les unieron, pero los juveniles de ambas parejas no hicieron caso evidente a los eventos. Después de un corto paseo en círculos, con la cabeza baja como si buscaran alimento, los machos adultos de nuevo se acercaron juntos. Esta vez, cada uno hizo movimientos cortos de reverencias y finalmente estaban parados con sus picos tan bajos que

Grullas blancas en cortejo

casi alcanzaban a estar entre sus patas, y sus coronas carmesí casi se tocaban. Al poco tiempo, las parejas se separaron y se trasladaron de nuevo a sus respectivos territorios.

Esta observación proporciona varias ideas sobre el comportamiento social y las señales de la grulla blanca, y merece un comentario adicional. En primer lugar, se pone de manifiesto que la mayor parte de la señalización agresiva de las grullas consiste en movimientos lentos, a menudo bastante señoriales que hacen hincapié en la cabeza (y especialmente en la corona desnuda), las plumas primarias negras a menudo de color contrastante, y las plumas largas ornamentales de las alas interiores. La llamada por uno o ambos miembros de la pareja puede complementar estos aspectos visuales de la exhibición de la amenaza y probablemente proporciona un tipo de vínculo emocional, así como un frente unido entre la pareja cuando se enfrentan a los intrusos territoriales. La retracción de la cabeza y caída o parcial extensión de las alas son tam-

Grullas blancas bailando

bién evidente en las etapas muy preliminares del “baile”, que por lo tanto puede ser visto como una versión más compleja y aparentemente más elaborada “del ritual”de lo que es esencialmente el comportamiento agresivo.

Allen cree que la danza de la grulla blanca debe tener “una base emocional” y que, como tal, es probable que sirva para fortalecer el vínculo sexual entre la pareja. Sin embargo, también cree que a veces puede representar, además, un tipo de escape emocional y físico generalizado o incluso, posiblemente, un medio de “descanso”. Observó también que ese baile (en grullas por lo menos) parece casi involuntario en su inicio, y no vió evidencia de que grullas que participen en esas danzas durante la migración de primavera se aparearan. Pensó que tal vez estas actividades de baile de primavera podrían servir como un comportamiento prenupcial generalizado, preparando las aves fisiológicamente y psicológicamente para la realización de la verdadera danza de cortejo cuando llegan a las zonas de anidación. Recientes observaciones de grullas blancas marcadas con bandas de color también han indicado que el comportamiento de baile es más frecuente en los subadultos que en los adultos, lo que sugiere que el baile de hecho puede jugar algún papel en la formación de vínculos entre las parejas.

Si el baile de la grulla tiene un origen agresivo, ¿podría posiblemente este servir como un medio efectivo en la formación del vínculo de las parejas? Tal vez es posible, al igual que las “ceremonias de triunfo” realizadas por casi todas las especies de gansos y cisnes durante su comportamiento de formación de parejas, al parecer representan y son derivados de tendencias agresivas redirigidas. Así, mediante la canalización de respuestas agresivas potencialmente peligrosas a otro pájaro (que podría representar una posible pareja) en un “baile” inofensivo, puede ser posible que se reduzca el peligro de que estalle una verdadera lucha entre ellos y proporciona un tipo de estímulo social mutuo. Además, la “llamada al unísono” que es pronunciada por la pareja cuando están excitadas, tal como en la situación descrita por Allen, proporciona un dispositivo igualmente importante como estímulo y coordinación mutua, y de hecho es probablemente mucho más importante en la formación del vínculo entre las parejas que el comportamiento del baile.

La migración de primavera

En la segunda semana de abril, los vientos cálidos del sureste que vienen del Golfo de México han impulsado a las grullas grises hacia el norte al Valle del Platte en Nebraska, si no más allá, y muchas de las aves playeras migratorias también han salido de la costa de Texas a través de las Grandes Planicies hasta encontrarse con las lejanas tierras árticas de anidación en Alaska y Siberia. Durante marzo, las grullas blancas pasan cada vez más tiempo en las tierras más altas, donde tal vez, muestran una tendencia creciente gradual a levantar el vuelo. Pero todavía no hay coalescencia en las bandadas de primavera, sino que las parejas y grupos familiares siguen siendo distintos, con límites territoriales que se mantienen. Entonces, cualquier día, tal vez con vientos provenientes del sur y cielos despejados, cada familia de alguna manera toma la crucial decisión de irse, y con ésta, despegan, circulando a punto de ganar mil pies o más de altura, y, finalmente, dirigen la cabeza hacia el norte sin dudarlo.

El patrón de migración de primavera de la bandada habitualmente se compone de sólo dos o tres pájaros, que consta de una pareja y su único juvenil sobreviviente del año anterior. Sin embargo, un sorprendente número de grullas migran al norte individualmente. Algunas bandadas consisten de cuatro a un máximo de una docena de aves, éstas probablemente se componen de múltiples unidades familiares o individuos no reproductivos subadultos. Al volar en grupos de tres o más pájaros, el patrón típico de la bandada es más regular, en forma de V, similar al de la grulla gris. Las aves mayores toman la iniciativa y atrás los siguen los más jóvenes, obteniendo con ello los beneficios de reducir la presión del viento y mejorar el flujo del viento desde el pájaro en el frente, confiando en el ave líder para la selección de los lugares de parada.

Aunque las grullas son normalmente aves de vuelo bastante lento, durante la migración a menudo permanecen en formación cerrada y asumen una conformación con el cuerpo y ala claramente aerodinámica. Robert Allen consideró que una velocidad de crucero del aire típica de las grullas blancas es de 45 millas por hora, que con la ayuda de los vientos moderados de cola sin duda produce velocidades de avance superiores a las 50 millas por hora. Dado que los pájaros eligen regularmente seguir vientos para la migración, las velocidades observadas desde tierra probablemente sean mayores que las velocidades en el aire.

El viaje al norte desde Aransas hacia el Valle del Platte en Nebraska se realiza durante un período de varios días, especialmente para las parejas que están llevando juveniles. Tradicionalmente, el Valle del Platte ha sido el lugar de paso de primavera más importante de las grullas, los pájaros se quedan en la región durante varios días. En épocas anteriores los pájaros pernoctaban en el río por la noche y se alimentaban de ranas y masas de huevos de sapo encontrados en los numerosos fangales ("revolcaderos de bufalo") restantes. Las grullas también parecen preferir las áreas abiertas de grama (Buffalo grass), en donde le dan vuelta a los excrementos del ganado y se alimentan de los escarabajos que encuentran debajo de ésta. Al menos en años anteriores, algunas de las aves permanecian en el Valle del Platte hasta aproximadamente el primero de mayo o después de que todos las otras aves migratorias de primavera ya habían partido, con la excepción del pelícano blanco americano (una especie cuya similitud con las grullas blancas probablemente ha confundido a algunos de los registros de migración anteriores de Nebraska).

En los años recientes, el desvío de agua del río Platte, en Nebraska, para el riego y otros fines ha reducido su atractivo para las grullas, pero sigue siendo lo suficientemente importante por lo que se designa como "hábitat crítico" para la especie. En 1971, U. S. Fish and Wildife Service trató de establecer un refugio nacional de vida silvestre de cerca de 15.000 acres de hábitat primariamente rivereño, pero enajenandos terratenientes locales, tratando de obtener la tierra a través de la expropiación en lugar de utilizar ofertas de compra justas. Como resultado, estos esfuerzos fracasaron, y se temío que

Grulla blanca caminando en el agua

jamás se proporcionaría ninguna protección real. Sin embargo, en 1973 la National Audubon Society usó una herencia inesperada, pero con mucha casualidad, de una mujer de Nueva Jersey, Lillian A. Rowe, para comprar cerca de 800 acres de hábitat para un santuario de la naturaleza que se estableció a lo largo del canal principal del Platte ligeramente al este de Gibbon, en el hábitat principal de la grulla.

Unos años más tarde, en 1979, el Platte River Whooping Crane Habitat Maintenance Trust (actualmente el Crane Trust) se estableció como parte del acuerdo de mitigación de la pérdida de hábitats asociados a la construcción de la presa de Grayrocks. Junto con el Nature Conservancy, el Crane Trust ha identificado y adquirido más de 4.000 acres de hábitat de la grulla en las proximidades de Grand Island, centrado en la isla de Mormón. El santuario del Crane Trust en la isla de Mormón se compone de una variedad de praderas húmedas, cauces de ríos poco profundos con bancos de arena, vegetación diversa y la vegetación de bosque ribereño que, junto con el Santuario Rowe, han conservado lo mejor de las pocas áreas restantes de río Platte de Nebraska que todavía puedan ser utilizados por las grullas.

Desde el establecimiento del Santuario Rowe y la adquisición del hábitat de la isla de Mormón, las grullas blancas han estado utilizando esta parte del Valle del Platte cada vez con más frecuencia, llegan generalmente al mismo tiempo en que las últimas grullas grises están saliendo, y permanecen desde unos pocos días a una semana o dos. Después de salir de Nebraska, las aves continúan en dirección noroeste, cruzando las Dakotas centrales, haciendo una travesía en diagonal desde el sureste hasta el noroeste de Saskatchewan, y entrando en el noreste de Alberta, en las proximidades de Fort McMurray. Por ese momento las grullas blancas han dejado los pastizales y tierras de cultivo de las Grandes Llanuras, cruzando los bosques mixtos de frondosas coníferas del centro de Saskatchewan y Alberta, y entran en la gran región de bosque boreal que se extiende desde la costa del Pacífico de Canadá hasta el Atlántico. Ellas muy pronto se adentran en ese enorme desierto, para de alguna manera encontrar el camino a sus lugares de reproducción tradicionales en Wood Buffalo Park. Es muy posible que se encuentren con el río Athabaska y sus afluentes poco después de entrar en Alberta, sigan hacia el norte hasta el lago Athabaska, y luego sólo tengan que seguir el río Slave para llegar a sus sitios de anidación en el norte de Wood Buffalo Park. Las aves juveniles permanecen con sus padres hasta que llegan a las zonas reproductivas, después de lo cual los vínculos familiares son al menos temporalmente rotos. Teniendo en cuenta que algunas de las grullas en la población pueden tener de 30 años o más, y muchos de ellos viven al menos 10 años, la memoria de los lugares encontrados durante las migraciones anteriores debe desempeñar un papel importante en las tradiciones migratorias de la especie. Los datos actuales indican que por lo general alrededor de tres cuartas partes de las grullas juveniles anilladas en Canadá sobreviven su primera migración de otoño, y para los adultos la tasa de mortalidad anual es de alrededor de 5 a 10 por ciento por año.

Las áreas de reproducción

El destino final de la primavera de las aves es una zona subártica semejante a un área de cienaga (muskeg) de baches glaciares, con innumerables lagunas y pequeños lagos que varían en tamaño desde menos de un acre hasta alrededor de 60 acres. Todos éstos son muy poco profundos y están separados unos de otros por lomas de arena que permiten un crecimiento denso de los abedules, sauces, abeto negro, y tamaracks. Las lagunas tienen sus bordes densamente cubiertos de juncos, espadañas, y diversas plantas costeras de la región. Debido a la acción de los glaciares bastante reciente (el área se encuentra en el límite sur del Escudo Precámbrico, una amplia zona de roca antigua plana por frotamiento que cubre gran parte del Ártico canadiense), la superficie de los suelos arcillosos son de piedra caliza procedente de materiales glaciales que

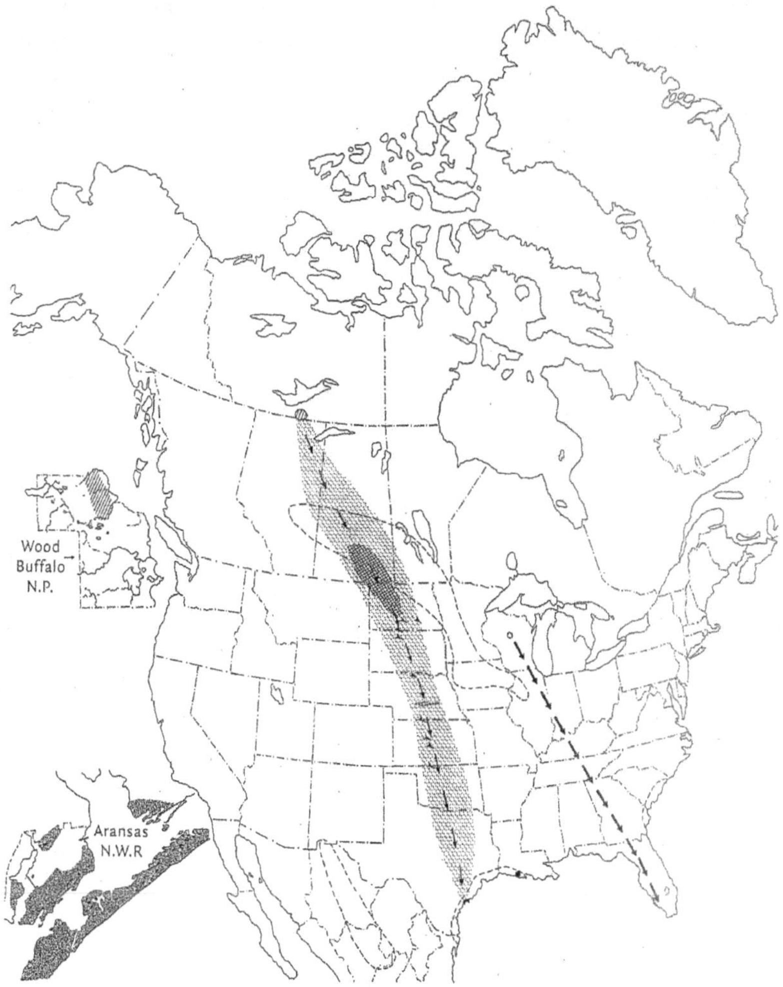

Rangos de reproducción (rayado) e invernal (sombreado obscuro) de la grulla blanca, junto con las principales rutas migratorias (flechas), zonas primarias de larga pernocta durante la migración primarios (sombreada cruzado), y los corredores migratorios actuales totales (punteado). El sitio de la población de Louisiana recientemente introducido se muestra por una flecha curva. Áreas históricas probables de reproducción y de invernada se muestran con líneas discontinuas. El recuadro de la izquierda muestra Aransas National Wildlife Refuge (rayado, con las áreas de mayor uso de la grulla en invierno - sombreadas cruzadas). Modificado de Johnsgard (1983).

son bastante ricos en calcio en lugar de ser claramente ácidos. Las grullas utilizan esas lagunas que están un poco en el lado alcalino de la neutralidad, ignorando o evitando lagunas cercanas que son algo más ácidas y de menor riqueza en invertebrados. Además, las aves usan sólo los baches que son lo suficientemente profundos para permitir una fácil búsqueda de alimento por vadeo.

El hábitat de anidación de la grulla blanca es compartido con otras aves adaptadas a semejantes lagunas o pantanos como el sora, becasina chillona, alcaraván americano, mirlo de alas rojas, y el colimbo pacífico, gorriones que anidan en el litoral como el gorrión melódico y el gorrión de Lincoln, y una variedad de patos como el anade real y cerceta de alas verdes. En los sitios ligeramente más secos anidan el playero guineilla mayor, el cernícalo americano, juncos ojioscuros, gorriones ceja blanca y carpinteros escapularios, todos encuentran nidos adecuados en los hábitats más boscosos colindantes. Los lobos no son poco comunes en la región, y también ocurren zorros y linces, pero de todos estos tal vez sólo el lobo podría constituir una amenaza significativa para las grullas blancas o sus crías.

Aunque la zona no recibe mucha precipitación anual, el drenaje es pobre, y una precipitación más alta que la normal a principios de la temporada de anidación puede causar inundaciones de nidos, retraso de anidación, y en general bajo éxito reproductivo. Por otro lado, una precipitación más baja a la normal permite que la temporada de anidación proceda normalmente, aunque los adultos y juveniles pueden tener que viajar más lejos del sitio de anidación para forrajear. A pesar del clima, siempre hay bastantes baches de diferentes profundidades para permitir una alimentación adecuada. Los alimentos más importantes para las grullas son estados inmaduros de libélulas, frigáneas, tricópteros, y otros insectos, además de algunos crustáceos de agua dulce. Algunos alimentos terrestres como las bayas también son consumidos, pero gran parte de la proteína que necesitan los polluelos en crecimiento deben provenir de fuentes acuáticas.

Probablemente debido a las grandes necesidades de alimentos de los adultos y los juveniles, los territorios de cría de las grullas blancas son extremadamente grandes. Un estimado de 18 territorios reproductivos encontró que éstos promediaron casi 1.900 acres cada uno, pero con una considerable variación individual. A menudo existen áreas aparentemente no utilizadas entre los territorios de anidación colindantes, por lo menos en el caso de los territorios más grandes. Los territorios suelen ser utilizados por la misma pareja durante muchos años, y probablemente queden vacantes sólo con la muerte de los adultos durante el mismo año. Sin embargo, el mismo sitio de anidación es rara vez utilizado en años sucesivos, aunque las aves pueden anidar en el mismo pantano. Debido a la baja densidad de población, existen pocos contactos reales o conflictos territoriales entre parejas territoriales contiguas, aunque las aves residentes atacarán y ahuyentarán a las grullas intrusas, sea un individuo o parejas.

Al igual que en otras grullas, los vínculos de pareja de las grullas blancas son esencialmente permanente y potencialmente por el resto de la vida. Aunque el comportamiento de lazos de pareja aparentemente se ha observado en las aves de dos años de edad, es probable que por lo general empiezan a anidar a los cinco a seis años de edad, momento en que las aves probablemente poseen la experiencia suficiente para establecer y defender adecuadamente y con éxito los territorios de anidación. La grulla blanca más joven que hasta el momento se sabe que ha anidado en la naturaleza en Wood Buffalo tenía tres años, y el mayor tenía siete años cuando por primera vez anidó. A pesar de tal madurez sexual tardía y el vínculo permanente de las parejas, los nuevos compañeros a veces pueden ser seleccionados con bastante rapidez cuando la situación lo requiere. Asi, cuando uno de los adultos (probablemente un macho) de una pareja de invernación se muere o desaparece en enero por causas desconocidas, el ave sobreviviente a la pareja puede adquirir un nuevo compañero en un plazo de sólo tres semanas. Del mismo modo, durante una vida útil de al menos 35 años, un macho llamado Crip se sabe que habia tenido un total de cinco compañeras diferentes, tres de las cuales fueron proporcionadas a él en condiciones de cautiverio. Después de que fue muerta de un disparo su primera compañera silvestre, en marzo de 1948, fue observado con una nueva compañera después de un mes. Puesto que las cópulas son raramente observadas en el área de invernacion, es evidente que este comportamiento debe jugar poco o ningún papel en la formación del vínculo de pareja.

Los nidos se construyen generalmente en las márgenes de los lagos o los pantanos, entre los juncos que crecen en el agua de unos 8 a 18 pulgadas de profundidad. Los nidos son grandes, miden de 2 a 5 pies de diámetro, se elevan hasta 8 a 19 pulgadas por encima del nivel del agua, aunque, por supuesto, el cambio de los niveles de agua pueden alterar en gran medida tanto la profundidad del agua circundante y la altura del nido por encima del agua. Durante el período en que se produjo la reproducción en las Grandes Llanuras, también se encontraron nidos en lo alto de las madrigueras de las ratas almizcleras y sobre las praderas húmedas cerca del agua.

Los huevos son puestos en intervalos de dos días y la gran mayoría de los nidos presentan dos huevos por nidada. Menos del 10 por ciento de los nidos se incuban con un solo huevo (algunos de estos posiblemente como resultado de la pérdida del segundo huevo), e incluso más raramente (aproximadamente 1-2 por ciento de los nidos) presentan tres huevos. Aunque se sabe que la reanidación ocurre con bastante frecuencia en las grullas grises mayores, hacia el sur, donde hay más tiempo disponible para la cría, sólo se han encontrado algunos casos de aparente reanidación de grullas blancas tras el abandono de nidos o por otras causas de pérdida de nidos.

Ambos sexos ayudan a incubar, con el macho incubando quizás algo más durante el día y la hembra haciendolo más durante la noche. El pájaro que no está incubando permanece siempre alerta y muy cerca del nido, listo para hacer sonar una alarma y para protegerse de los intrusos, ya sea la amenaza pequeña o potencialmente grave que comprometa al ave que está incubando y a los huevos. La incubación requiere 33-34 días en la naturaleza (algo menos en las condiciones de incubación artificial), con el segundo huevo puesto normalmente la eclosión tarda de dos a tres días después de la primera, ésto es debido a que la incubación se inicia inmediatamente después de que se puso el primer huevo.

Las grullas blancas recién nacidas son muy similares en color a los polluelos de oro-revestidos de las grullas grises, a pesar de que son considerablemente más grandes – un promedio de alrededor de cinco onzas. Ellos son capaces de nadar casi inmediatamente después de su nacimiento, pero con frecuencia son protegidos por los padres, sobre todo durante las noches frescas y durante el frecuente tiempo inestable que es típico de finales de junio y principios de julio en esta región. Durante las primeras tres semanas más o menos después de la eclosión, la familia se mantiene alrededor de una milla del nido. Para el momento en que llegan a tres semanas de edad, los polluelos pesan alrededor de cuatro veces más de lo que pesaban al eclosionar, y a las seis semanas tienen casi 16 veces su peso de nacimiento. Ese peso a las seis semanas se duplica de nuevo en el momento en que tienen diez semanas de edad.

Grulla blanca incubando

Estas aves se mueven alrededor para alimentarse a un ritmo considerable después de la eclosión, y evidentemente nunca vuelven a su sitio de anidación.Ellas se esconden en la vegetación densa cuando es necesario, aunque el blanco plumaje de los adultos y el color oxidado de los polluelos hacen que sea difícil permanecer completamente invisible. Las grullas juveniles y desgarbadas, que ahora se llaman apropiadamente “colts” (polluelos) abandonan el nido cuando tienen al menos 70 días de edad (o no antes de mediados de agosto). Hasta que no pueden volar son altamente susceptibles a la depredación por lobos y tal vez otros depredadores. Incluso después de que abandonan el nido siguen siendo alimentados por sus padres, sobre todo por la hembra. Sin embargo, para el momento en que las aves juveniles abandonan el nido, se marca la hora para que estos comiencen la migración peligrosa y ardua de otoño hacia el sur.

Cuando los polluelos han abandonado el nido, éstos ya casi han perdido su llamada de petición de alimentos, pero han adquirido una llamada de intención de vuelo y una llamada de alarma. Después de que sus voces han cambiado al tipo adulto (que por lo general se produce en las grullas cuando están cerca de un año de edad), comenzará a proferir fuertes “llamadas de guardia” y “llamadas de “localización.” El llamado de guardia por lo general se pronuncia durante la amenaza colectiva de los adultos y los juveniles hacia otras familias de grullas, o hacia otros estímulos un tanto atemorizantes. La llamada de localización es similar, pero suena más quejumbrosa, y se utiliza para ayudar a localizar otras grullas cuando las aves están aisladas visualmente una de la otra. Sin embargo, la importante “llamada al unísono” no aparece hasta el segundo o tercer año de vida de una grulla, cuando comienza a asumir sus funciones iniciales de formación de pareja.

El Largo Viaje al Sur

A medida que pasa septiembre, los primeros signos de otoño son muy evidentes en el norte de Alberta. Las llamas doradas de los álamos y abedules pronto estallan y desaparecen rápidamente, y las heladas toca a todo con los dedos cada vez más agudos.

La migración de otoño de las grullas blancas ocurre más como una series de ondas que en un sólo movimiento coordinado. Así, es probable que las aves individuales y parejas sin éxito comienzen temprano, a moverse hacia el sur para ser seguidas más tarde por grupos familiares. Algunas aves subadultas o no reproductoras aparecen en Saskatchewan a principios de septiembre, mientras que las parejas exitosas siguen atendiendo a los volantones en Wood Buffalo Park.

El vuelo hacia el sur es a la inversa de la ruta hacia el norte, aunque los tiempos de parada a lo largo de la ruta migratoria probablemente son bastante diferentes. En lugar del Platte, las aves son mucho más propensas a hacer paradas en los sembradios y los pantanos de las praderas de Saskatchewan occidental, la más importante zona de pernocta del otoño. Este patrón de paradas también es típico de grullas grises menores y canadienses, cuyas rutas pasan a través de esta parte del Canadá y cuyos períodos de paradas se superponen con los de las grullas blancas.

A finales de septiembre, los grupos familiares están empezando a salir de la zona de Wood Buffalo Park, y puede unirse a algunas de las grullas que todavía están en Saskatchewan. Algunas grullas blancas tienden a permanecer en las provincias de Canadá en octubre, y rara vez tan tarde como noviembre, pero a mediados de octubre ya están empezando a aparecer en Dakota del Norte, e incluso tan al sur como Nebraska y Kansas. Por lo general, las aves pasan por el

Valle del Platte de Nebraska entre octubre 10 y 25 y pueden comenzar a aparecer en la costa de Texas a finales de octubre o principios de noviembre.

La migración de otoño por lo tanto consiste en tres fases generales. La primera de éstas es un vuelo bastante rápido y directo de dos o tres días hasta Saskatchewan, a una distancia de más de 600 millas. La segunda fase consiste en la búsqueda de alimento y descanso en una región más bien difusa de unas 25.000 millas cuadradas del centro-oeste de Saskatchewan, donde pueden permanecer por hasta 24 días. Al igual que la parada de primavera de las grullas en el Valle de Platte, esta fase es probablemente de gran importancia para las grullas en el almacenamiento de las reservas de grasa necesarias. La fase final consiste en una bastante rápida serie de vuelos desde tierras de parada en Saskatchewan a las zonas de invernación de Aransas.

Grulla blanca en vuelo

En los últimos años se ha hecho posible seguir la migración de las aves individuales o grupos familiares con mucha precisión, ya que algunas de las aves han sido equipadas con transmisores de radio pequeños que permiten el seguimiento de cada uno de sus movimientos. Por ejemplo, un grupo familiar se siguió todo el camino desde Wood Buffalo Park hasta Aransas durante el otoño de 1981. La familia dejó el parque nacional el 4 de octubre y voló 175 millas a la zona de Fort McMurray de Alberta, donde permanecieron durante cinco días. El 9 de octubre volaron otras 270 millas hacia Reward, Saskatchewan, y allí pasaron 11 días. El 20 de octubre, debido a que estaba nevando, volaron 175 millas a Swift Current, Saskatchewan. Al día siguiente volaron 150 millas hasta Plentywood, Montana, y 470 millas al día siguiente, hasta Valentine, Nebraska, en el río Niobrara. El 23 de octubre, que volaron alrededor de 125 millas adicionales al río Platte, cerca de Kearney. El 24 de octubre continuaron otras 190 millas a Rush Center, Kansas. El 25 de octubre recorrieron otras 120 millas hasta Wanoka, Oklahoma, y al día siguiente volaron 140 millas más hasta Lawton, Oklahoma. El 27 de octubre volaron sólo 30 millas al río Rojo, cerca de Byers, Texas. Se mantuvieron a lo largo del río Rojo hasta el 1 de noviembre, cuando hicieron 230 millas a Rosebud, Texas. Al día siguiente recorrieron 178 millas adicionales hasta Tivoli, Texas, pasaron la noche sólo a unas 18 miles de Aransas. A la mañana siguiente se hizo el último vuelo corto en Aransas, completando así una migración total de casi 2.300 millas en el período de un mes aproximadamente. La distancia máxima en línea recta de vuelo cubierto durante un sólo día fue de 470 millas Esta distancia representa una hazaña muy notable incluso para los adultos (representando diez horas de vuelo continuo a una velocidad media de tierra de 47 millas por hora), pero es especialmente notable para su descendiente joven que habia casi seguramente dejado el nido hacía menos de un mes. Durante el año siguiente, una bandada de cinco aves (una familia de tres, más dos grullas adicionales) realizó un vuelo máximo de un día de 510 millas en 10,8 horas, con un promedio, de 47 millas por hora. Un análisis general de los datos de telemetría para toda la ruta migratoria de 2.450 millas de una familia dio lugar a una velocidad de avance promedio calculado de 27 millas por hora, con un tiempo promedio de vuelo de cerca de seis horas y 28 minutos por día, excepto los días de descanso.

En el momento en que las grullas blancas juveniles llegan a Aransas, estas muestran una mezcla de plumas blancas y rojizas, pero todavía tienen sonidos agudos "voces de niños pequeños" y todavía no presentan la piel de la frente al descubierto. Tal vez al retener estas plumas juveniles a través de todo su primer año son más capaces de mantener sus fuertes lazos entre padres e hijos, y menos probabilidades de estimular las respuestas agresivas de sus padres u otras grullas adultas. Sin embargo, las aves juveniles adquieren gradualmente un grado de independencia de sus padres durante su primer otoño e invierno, a pesar de que permanezcan dentro de su cuidado y protección general y los siguen hacia el norte en la primavera siguiente. Probablemente sólo cuando sus padres llegan a su territorio de anidación es cuando las aves juveniles, ahora casi de un año de edad, finalmente dejan de ser atendidos por sus padres. A partir de entonces ellos se verán crecientemente obligados a sobrevivir por sí mismos.

Probablemente los enlaces de parejas de grullas se establecen muy lentamente, a través de una socialización delicada que puede comenzar a unos dos años de edad, al igual que en la grulla gris, la vinculación de las parejas es evidentemente un proceso muy tentativo que puede requerir cerca de dos años en completarse. Los intentos de anidación no pueden comenzar hasta después de dos años de haber alcanzado la madurez sexual, o probablemente por lo general sólo después de que las hembras tienen por lo menos cinco años de edad y con frecuencia incluso mayor.

Al mismo tiempo que más o menos las grullas blancas están regresando a Aransas, las grullas blancas producidas y criadas por las grullas grises en Grays Lake National Wildlife Refuge de Idaho están llegando con sus padres adoptivos a sus áreas de invernación a lo largo del Valle del Río Grande de Nuevo México. Mientras que en el Bosque del Apache, las grullas le hacian compañía a grandes bandadas de grullas grises mayo-

Grullas blancas aterrizando

res, así como cerca de 50.000 o más gansos blancos menores y los gansos de Ross, todos los cuales comparten las proximidades de estos pantanos en relativa armonía.

Las bandadas cada vez más grandes de gansos y grullas en Bosque del Apache han producido una gran presión sobre las capacidades de este y otros refugios de Rio Grande para mantenerlos, y por lo tanto varios de los refugios de New Mexico se han abierto a la caza del ganso para tratar de reducir y dispersar a las bandadas. En 1988 también se permitió una temporada de caza limitada de grullas grises en el Valle del Río Grande de Nuevo México. Hasta el momento, sólo se ha reportado sólo una grulla blanca accidentalmente herida por los cazadores, pero otros tipos de factores de mortalidad son potencialmente mucho más graves. Estas amenazas incluyen colisiones accidentales con líneas de alta tensión y la transmisión de enfermedades por efecto del hacinamiento de las aves y, a veces estrés. En el invierno excepcionalmente frío de 1984 a 1985, alrededor de 700 gansos de nieve, 21 grullas grises, y quizás una grulla blanca murieron de cólera aviar. Esta enfermedad altamente contagiosa, frecuentemente relacionada con el estrés, a menudo ha causado en ocasiones enormes pérdidas entre las bandadas de gansos silvestres.

Del mismo modo, en Aransas, las grullas blancas invernantes no estan seguras como pareciera sugerir el crecimiento de su número (155 en el invierno de 1990/91). Las áreas importantes de lagunas costeras utilizadas por las grullas en la búsqueda de alimento se han erosionado a una velocidad de hasta unos tres pies por año, en gran parte como resultado de la acción de las olas causadas principalmente por el tráfico intenso de embarcaciones a través del Canal Intracostero adyacente. Del mismo modo, el depósito de despojos de sedimentos asociados con las actividades de dragado por el U. S. Army Corps of Engineers ha afectado el hábitat crítico de invernación de la grulla, reduciéndolo hasta en 1.150 acres en el último medio siglo. En el proceso de este dragado, el Corps of Engineers puede muy bien haber estado violando la Ley de Especies en Peligro de Extinción (Endangered Species Act). Acciones legales emprendidas por la Sociedad National Audubon Society contra el Corps of Engineers ha obligado a un acuerdo para volver a evaluar los efectos biológicos de su dragado.

Es evidente que se requiere de una vigilancia constante si queremos que la especie continue prosperando y siga siendo un símbolo primario de los esfuerzos de conservación de las aves de América del Norte. Se anticipan difíciles opciones económicas y ecológicas, por ejemplo, si el Canal Intracostero debe ser reubicado fuera de los límites del Aransas National Wildlife Refuge, que la costa marina del refugio de alguna manera pueda ser estabilizada para resistir una mayor erosión, o si se puede encontrar alguna otra solución menos costosa para el problema de la pérdida del hábitat y la degradación del medio ambiente. Y dado que el total de la población aumenta, se debe abordar el problema de proveer suficiente hábitat adecuado de invierno para las aves. Al igual que el papel crítico del río Platte en peligro de extinción en el presente y el futuro bienestar de las grullas. Las grullas blancas no pueden sobrevivir mucho tiempo sin la seguridad y los sitios de forrajeo de invierno que proporcionan las áreas tales como las del refugio de Aransas.

Así, las grullas, como todas las criaturas incluyendo los seres humanos, nunca se separan lejos de sus ambientes, y de poco sirve aumentar las tasas de eclosión o de nacimiento a través de "trucos impresionantes" como el intercambio de huevos u otras hazañas tecnológicas, si graves problemas ambientales proporcionan al final serias restricciones a la población. Al igual que las poblaciones humanas locales y en todo el mundo, su calidad de vida es a menudo inversamente proporcional a la cantidad de hacinamiento que deben soportar. Las grullas, incluso más que las personas, sobreviven mejor en ambientes silvestres, y muy pocos son los que quedan hoy en día. Tal vez la pregunta que se plantea no es si, como sociedad, podemos darnos el lujo de mantener un ambiente que todavía incluye lugares bastante salvajes y sin explotar para apoyar una bandada de grullas salvajes, sino más bien si podemos permitirnos no hacerlo.

2013 Suplemento

Las grullas blancas han sufrido varios cambios importantes de la población desde la primera edición de este libro. La bandada experimental de grullas blancas producida con el objeto de poner sus huevos bajo el cuidado de las grullas grises, como en Grays Lake, Idaho, ahora ha desaparecido. Después de mediados de la década de 1980, la bandada se sometió a una reducción sostenida, y se tomó la decisión en 1989 de terminar el programa de transferencia de huevos. Las aves adoptadas-cruzadas evidentemente no lograron aprender a identificarse como grullas blancas y nunca intentaron aparearse con su propia especie. Además, las tasas de mortalidad derivadas de accidentes en las líneas eléctricas o la tuberculosis aviar mató a muchos adultos y eventualmente condenó el proyecto.

De 289 huevos de grulla blanca transferidos a Grays Lake, 209 eclosionaron pero sólo 84 polluelos dejaron el nido, sobre todo debido a la depredación por el coyote y el mal tiempo durante la temporada de reproducción. En total, de todas las grullas adoptadas-cruzadas que sobrevivieron el tiempo suficiente para migrar a Bosque del Apache, el último sobreviviente desapareció en la primavera del 2002.

En 1989, la decisión de abandonar transferencias adicionales de huevos en Grays Lake fue sustituido por un plan para tratar de establecer una bandada no migratoria de grulla blanca en el centro de Florida, donde las grullas salvajes habian existido (como migrantes de invierno, pero sin evidencia clara de cría) hasta el 1900. El lugar elegido fue las praderas del Kissimmee, un área de unas 800 millas cuadradas donde las grullas grises Florida ya estaban prosperando. Después de obtener la aprobación de las agencias estatales, federales y provinciales, el primer grupo de grullas criadas en cautiverio fue liberado en Florida a principios de 1993. Las grullas juveniles habían sido incubadas y criadas en las instalaciones del Fish and Wildlife Service, Patuxent, Maryland, y la International Crane Foundation, Baraboo, Wisconsin. Un total de 14 juveniles fueron liberados en 1993, seguido por 19 en 1994, 19 más en 1995, y las aves adicionales en años posteriores, hasta un total de más de 300 que fueron liberados. Inicialmente las aves jóvenes se colocaron en grandes recintos bien fortificados que resultaron no ser a prueba de depredadores. Durante los dos primeros años, dos tercios de las aves liberadas fueron matadas por linces. Más tarde, mediante el uso de "recintos" portátiles colocados bien lejos de los hábitats conocidos del lince, lograron mejorar la supervivencia en gran medida, con un 69 por ciento de las aves que sobrevivieron su primer año.La supervivencia durante el primer año se ha mantenido entre el 50 y el 70 por ciento y en un 83 por ciento de supervivencia durante el segundo y tercer año.

En 1996 algunas de las aves liberadas habían sido vistas formando parejas, apareándose y hasta construyendo nidos, aumentando las esperanzas del éxito eventual del proyecto. Durante la primavera de 2000, tres parejas intentaron anidar, y una pareja de cuatro años de edad logró criar dos polluelos con éxito, las primeras grullas salvajes que eclosionaron al sur de Canadá en más de un siglo. En el 2002, una pareja de cuatro años de edad se reprodujo y exitosamente tuvieron solo una cria hasta que, como juvenil, dejo el nido, ya que su hermano después de la eclosión fue arrancado de su nido por un águila calva. La hembra sobreviviente, llamada Lucky por las personas que habían presenciado el ataque del águila, vivió para ver a sus padres anidar de nuevo al año siguiente. En el 2003 se construyeron un total de ocho nidos y tres polluelos abandonaron el nido. Para esa primavera había 106 aves que vivían en estado silvestre, aumentando las esperanzas de que una bandada de 23 parejas reproductoras pudieran alcanzarse para el 2020. En la primavera de 2005 había 12 parejas reproductoras presentes, produciendo un total de nueve polluelos, cinco de los cuales sobrevivieron al menos hasta el verano del 2006. Para entonces, más de 300 aves habían sido puestas en libertad en la pradera del Kissimmee. Sin embargo, el alta tasa de mortalidad en los individuos de las clases de edad más viejas – y un éxito relativamente bajo en el éxito de dejar el nido, había dado lugar a la reciente decisión de terminar cualquier introdución adicional de nuevas aves.

También en 2006, por primera vez dos crias de grulla blanca nacieron en Necedah National Wildlife Refuge, en el centro de Wisconsin, de una pareja salvaje pero criadas en cautiverio. Necedah National Wildlife Refuge, ubicado cerca de las instalaciones de crianza de la grulla en la International Crane Foundation en Baraboo, había sido seleccionado como el punto focal para el desarrollo de una bandada de grulla blanca migratoria que podría ser entrenado para migrar a las zonas de invernación de Florida. Este imaginativo proyecto habia dependido de la habilidad de los avicultores en criar grullas sin la impronta de sus cuidadores humanos, mediante el uso de trajes semejantes a grullas en la crianza de los polluelos hasta volantones. Esta impronta en realidad comienza antes de la eclosión. Durante las 24 horas antes de la eclosión, los huevos están expuestos al ruido de un motor ultraligero y a las voces del piloto emitiendo las llamadas de las grullas padres.

A los pájaros volantones se les enseña a seguir un "trike", (el cuerpo del ultraligero y sin las alas), impulsados por la grulla – vestida de figura paterna. El éxito también se ha basado en gran medida en la habilidad de los pilotos altamente calificados en el entrenamiento con los ultraligeros, de hacer que las aves volantones sigan la aeronave en vuelo, a través de distancias de más de mil kilómetros, hasta las zonas invernales de Florida. Logrando ésto, la esperanza final era que los pájaros pudieran sobrevivir el invierno y migrar con seguridad de vuelta a Necedah por su cuenta en la primavera, utilizando sus recuerdos de la migración de otoño como guía de navegación.

Esta migración guiada por un ultraligero fue claramente una idea audaz y de alto riesgo, y fue necesariamente precedida de varios años de trabajar con gansos del Canadá y grullas grises, utilizando una nave ultraligera como "pájaro lider." La nave lider debe viajar a la velocidad típica del vuelo por aleteo del aire de las grullas (alrededor de 30 a 40 millas por hora) y cubrir distancias diarias adecuadas. El piloto también debe tratar de evitar colisiones accidentales con obstáculos tales como líneas eléctricas, ataques de depredadores como el águila real, y de alguna manera mantener a todos los pájaros juntos como una sola unidad. El primer experimento de migración motorizada se hizo con los gansos de Canadá en 1993, y los primeros motorizados con migraciones de la grulla gris se intentó en 1995. Los intentos con grullas blancas comenzaron en 1997, inicialmente mediante la introducción en grupos de grullas grises con similar impronta.

A partir del 2000, comenzó un intenso esfuerzo para establecer una bandada migratoria de grullas blancas en el este de América del Norte. Esta ambiciosa aventura, más extraña que ficción, requirieron las habilidades y los recursos de un grupo de organizaciones privadas y gubernamentales, que juntas conformaron el Whooping Crane Eastern Partnership, or WCEP). En 2000, se hizo una prueba piloto de migración con la grulla gris, para probar la ruta de migración, así como el desempeño y la coordinación durante las numerosas partes de gran complejidad de este esfuerzo. Cada año desde entonces, WCEP ha criado con éxito, entrenando, y volando un grupo de grullas blancas a lo largo de una ruta de 1.200 millas desde Necedah National Wildlife Refuge en el centro de Wisconsin hasta Chassahowitzka National Wildlife Refuge en la costa del Golfo de Florida. La organización sin fines de lucro "Operation Migration" tiene su sede en Port Perry, Ontario, y supervisa la formación de los polluelos y la migración con ultraligero. Normalmente cuatro aviones ultraligeros son utilizados, tres de ellos guiando a los polluelos, mientras que el cuarto, un ultraligero un poco más rápido llamado el "avión de seguimiento", va tras las aves que pueden apartarse de la bandada. Un avión de ala fija vuela por encima y se mueve con mayor rapidez por delante o por detrás, según sea necesario. Vehículos terrestres los siguen a continuación. Normalmente, las aves vuelan a alturas de unos 350 a 1.000 pies (100–300 metros), y con buen tiempo pueden cubrir hasta un centenar de kilómetros o incluso más en un día. Todo el viaje de 1.200 millas hacia el sur lleva semanas, y con frecuencia se lleva a cabo durante días o incluso semanas en los períodos de mal tiempo.

En la primavera de 2002 cinco juveniles de grullas blancas que habían invernado en la Florida hicieron su camino de regreso a Necedah en menos de diez días. En la primavera de 2006 la nueva bandada migratoria había crecido a 64 aves, a las que se añadieron 24 más en el otoño. En febrero de 2007, ocurrió un desastre, casi toda la cohorte de aves jóvenes murieron durante una fuerte tormenta y una marejada que arrasó el área invernal en Chassahowitzka. WCEP aprendió de esta pérdida, y agregó otra cohorte de 17 aves a la población en 2007. La población migratoria reintroducida en el este de América del Norte contó con 68 adultos y 21 juveniles a partir de finales de 2008. Aunque hubo 11 anidaciones en su zona de cría de Wisconsin, todos los nidos fueron abandonados poco antes de la eclosión.

Esta reintroducción ha incluido un esfuerzo de monitoreo muy intenso conducido por el U. S. Fish and Wildlife Service, y el ICF. Se han recopilado historias detalladas de los movimientos y el comportamiento social de cada ave en todo el proyecto. A partir de estos esfuerzos, varias lecciones han quedado claras. Una de ellas es que las grullas regresan en primavera para el área general donde ellos había alzado el vuelo, no en el lugar donde habian nacido y tempranamente criadas. Las aves, después de una migración dirigida con ultraligero durante su primer otoño, son bastante capaces de volver a migrar de vuelta al centro de Wisconsin. Las aves no siguen precisamente la trayectoria de vuelo que experimentaron en el otoño, pero si el corredor general al norte, por lo que no están usando señales visuales en la tierra para encontrar su camino.

Cuando las grullas están migrando hacia el norte, eventos climáticos tales como fuertes vientos del oeste, hacen que las aves se salgan de su ruta, por lo que terminan en el lado equivocado (este) del Lago Michigan, lo que implica que no todas las aves regresan de nuevo al área donde fueron liberadas. Y las aves que, por una razón u otra, se han desviado de la migración con el ultraligero al ser transportado en una jaula, se pierden con facilidad si viajan al norte por su cuenta en primavera. El Personal de WCEP, sin embargo, ha recuperado con éxito algunas de estas aves y las han regresado a Wisconsin. En esta primera etapa en la reintroducción, cuando la bandada es todavía pequeña, es conveniente concentrar las aves en el centro de Wisconsin para fomentar el apareamiento.

Las aves guiadas por el ultraligero aprenden mucho de las grullas grises que viven cerca de ellas durante todo el año, por ejemplo, son cada vez más cautelosas de las personas en su verano anual, a través de la asociación con la grulla gris. Sin embargo, las grullas blancas han formado fácilmente vínculos de parejas con otras grullas blancas. El éxito final del proyecto se producirá aumentando el número de parejas reproductoras con éxito en sus crias. Los esfuerzos de monitoreo del WCEP se centran ahora en este período de primavera crucial en el área de Necedah. Además, el ICF y U. S. Fish and Wildlife Service están experimentando con un segundo método para añadir grullas a las bandadas migratorias, criando polluelos que se liberan directamente en la bandada salvaje en Necedah durante el otoño, sin entrenamiento con ultraligero. Estas aves juveniles aprenderán su ruta de migración de las grullas más viejas.

Con toda la publicidad asociada con la "Operation Migration", la bandada original migratoria de Wood Buffalo-Aransas se ha descuidado un poco, pero también ha hecho progresos notables en los últimos años. En base a los recuentos de invierno en Aransas, la población ha aumentado de 146 aves en 1992 a 257 en 2008. Entre 1992 y 1997 se produjo un incremento neto de 14 aves, entre 1997 y 2002 un aumento adicional de 14 aves, y entre 2002 y 2007 un aumento de 63 aves. Las temporadas 2007 y 2008 añadieron 61 polluelos más. En los últimos años esta población ha estado aumentando a un ritmo de aproximadamente cuatro por ciento por año. A partir de 2011 hubo 278 grullas blancas salvajes en la bandada de Wood Buffalo-Aransas, 115 en la bandada de Wisconsin-Florida, 20 no migrantes en Florida, 24 en Louisiana, y 162 en cautiverio.

De acuerdo a Ernie Kuyt, desde 1983 ha habido un aumento significativo en el número de los juveniles y subadultos de la grulla blanca, y un aumento correspondiente en la población reproductora. En 1993 varias parejas estaban reproduciéndose al sur de la zona de anidación original, en la parte de Wood Buffalo National Park perteneciente al Territorio de Alberta. En el 2005 tres parejas estaban criando fuera de los límites del parque, complicando con esto los requerimientos de protección de los hábitats de reproducción. Un estudio realizado por Brian Johns y otros, reportaron que, de 136 juveniles marcados, 103 regresaron a Wood Buffalo Park en la primavera siguiente, y al menos 76 por ciento de los que se reprodujeron por primera vez anidaron dentro de las 12 millas (20 kilómetros) de sus sitios de nacimiento. Esta fidelidad por el sitio está probablemente relacionada con el aprendizaje de las rutas de migración de los padres o congéneres, y es común en las especies migratorias largamente monógamas.

Según Kuyt, las grullas blancas pasan casi tanto tiempo en sus lugares de cría (164 días) como en sus zonas de invernación (154 días). El período de la migración de primavera promedio es de 17 días, y la migración de otoño es de 30 días, estando la mayor duración de la migración de otoño asociada con cerca de las dos semanas que pasan pernoctando en el centro-sur de Saskatchewan. En un día normal de migración, las aves promedian 7,5 horas de tiempo de vuelo, que abarca alrededor de 245 millas, y un promedio de 32 millas por hora, pero a veces alcanzan a 60 millas por hora asistidos por el viento. A veces surgen vientos favorables en tramos de 9 a 10 horas, y recorren de 425 a 490 millas. Las colisiones con líneas eléctricas son aparentemente la amenaza más grave para la migración de las grullas blancas, que representan dos de las seis muertes que fueron documentadas en las aves migratorias.

Para las personas con edad suficiente para recordar cuando la idea de volver a ver una grulla blanca salvaje parecía poco más que una fantasía, la presencia de varios cientos de aves ahora vivas en la naturaleza es casi demasiado buena para ser verdad. Le debemos esta buena fortuna a la obra de un número incalculable de dedicados biólogos de campo, avicultores, científicos e incluso filántropos que han ayudado a financiar la compra de los hábitats críticos o han financiado la investigación necesaria para que una población viable de grullas blancas sea una realidad. Muy pocas personas tienen la suerte de sentir que han ayudado a salvar a las especies en peligro de extinción, como ellos han ayudado a salvar una especie de la extinción; estos están entre los pocos elegidos.

V. Las otras grullas del mundo

El tiempo avanza inexorablemente hacia adelante y han pasado 21 años desde que se publicó la primera edición del *Crane Music*. Durante ese tiempo, más de mil millones de personas se han sumado a la demanda por recursos (earth's role) en la tierra y el calentamiento global ha sido reconocido cada vez más como una verdadera amenaza para el futuro de nuestro planeta. Aunque durante ese período un pequeño porcentaje de los estadounidenses han llegado a ser muy ricos gracias a los avances en la tecnología, la expansión de los mercados y la globalización, la vida silvestre en general ha sufrido. El crecimiento contínuo de la población y las presiones económicas y ecológicas asociadas han dado lugar a un gran aumento de la deforestación, el drenaje de humedales, y la destrucción de los hábitats naturales. Además, los cambios climáticos globales están llevando a cambios ecológicos masivos imprevistos que tendrán efectos graves sobre las poblaciones de grullas, especialmente en las regiones árticas y alpinas (Harris, 2008).

Las tendencias de disminución de la población en los animales salvajes que están asociados con estos factores son especialmente evidentes entre las aves que dependen de los pastizales nativos y humedales; casi todas las aves de América del Norte adaptadas a pastizales están ahora en un grave declive continental, y probablemente mucho de lo mismo ocurre en otras partes del mundo. La mayoría de las grullas del mundo son también dependientes, en gran medida, de las praderas y los humedales; los que generalmente son los más raros y en peligro de extinción son los que más dependen en gran medida de extensos humedales. La grulla blanca, la grulla siberiana, la grulla de cuello blanco, la grulla carunculada y la grulla japonesa son muy dependientes de los humedales para la reproducción, y ahora están entre las especies más raras y en peligro de extinción del mundo. Por otro lado, algunas especies relativamente herbívoras y terrestres, como la grulla gris, la grulla común, la grulla damisela y la grulla del paraiso han aprendido a sacar provecho de la tecnología agrícola, incorporando en sus dietas de plantas nativas diferentes granos cultivados, como maíz y trigo en Europa y arroz en Asia. Como resultado de esto, estas especies han mostrado aumentos de la población local, regional o incluso nacional. Estas prácticas de alimentación a menudo han traído conflicto de las grullas con los intereses agrícolas, resultando en conflictos económicos y en algún momento medidas de control draconianas.

Una visión general del estado actual de las grullas del mundo es tal vez pertinente, para poner al día los números dados anteriormente en *Crane Music*, el cual fue escrito aproximadamente hace 20 años. En la tabla adjunta se presenta un resumen actualizado (para alrededor de los 2004 - 2008) de la distribución de las grullas del mundo y su estatus, que muestra algunas diferencias significativas con el cuadro similar que se presentó en la primera edición de este libro. Algunas de estas diferencias son el resultado probable de encuestas más completas y más precisas, tales como el aumento substancial de la estimación de la población de la grulla de cuello negro, que previamente se pensó que solamente eran cerca de 1.600 aves. El mismo factor puede ayudar a explicar las estimaciones más grandes que se muestran para la grulla siberiana y la grulla del paraiso.

Según los criterios de la International Union for Conservation of Nature and Natural Resources (Unión Internacional para la Conservación de la Naturaleza y los Recursos Naturales) (1994), seis especies de grullas y cinco subespecies fueron clasificadas como en peligro o en peligro crítico por Curt Meine y George Archibald (1996). Varias otras poblaciones locales o regionales de la grulla del paraiso, la grulla damisela, la grulla carunculada y la grulla siberiana también están ahora en alto riesgo de desaparecer. Por ejemplo, se han extinguido las pequeñas poblaciones central y occidental de la grulla siberiana que se reproducían cerca del valle de Ob de Siberia central y hasta hace poco invernaban en la India. Los censos realizados en el 2008 de esta grulla en sus áreas de reproducción en Yakutia en el noreste de Rusia registran sólo diez parejas reproductoras, y sólo dos de ellas tenían polluelos. La población de la grulla damisela de las montañas Atlas también se ha extinguido, mientras que la población iraní de la grulla siberiana está casi, si no totalmente extinguida. Las poblaciones mundiales de la grulla coronada cuellinegra, y la grulla coronada cuelligris también están disminuyendo claramente, a pesar de que la grulla coronada cuelligris aún está muy extendida en gran parte del este de África.

Asimismo, la población continental asiática de la grulla japonesa está evidentemente en declive. Sin embargo, la población japonesa en la isla norteña de Hokaido ha estado aumentando lentamente desde la década de 1970, como resultado de la protección especial de las limitadas zonas de reproducción y de alimentación invernal de las aves. En estas condiciones, su número ha aumentado cuarenta veces, de poco más de 50 aves en 1972 a más de 1.240 en 2006. Estas magníficas aves han atraído a un público importante de los turistas y fotógrafos de la vida silvestre, agregando mucho a la economía local. Al igual que la historia de nuestra grulla blanca que estuvo muy cerca de extinguirse, el retorno de esta especie de cerca de la extinción es uno de los mayores éxitos en la conservación de las aves.

La grulla monje de Asia oriental es sólo un poco más grande que la damisela, y sus áreas de reproducción en Siberia oriental siguen siendo bien documentadas. Las aves que veranean al norte y al este del lago Baikal vuelan al sur e invernan a lo largo del río Yangtze de China. Esta población occidental se piensa que consiste de alrededor de 1.000 aves. Un grupo más grande, después que se reproducen en el extremo oriental de Rusia y el norte de China, migran hacia el sur a través de Corea (donde algunos paran y pasan el invierno) a la isla sureña de Kyushu de Japón. Allí, en las áreas protegidas muy pequeñas, la población ha aumentado progresivamente, de aproximadamente 260 a mediados de la década de 1900 a más de 10.000 en 2006. Como la grulla japonesa, las aves han respondido fuertemente a la protección de las tierras invernales y a la alimentación artificial, donde las aves experimentan un aumento en el riesgo de epidemias de enfermedades y de conflictos con los agricultores locales. La población mundial parece ser estable, si no está aumentando.

Se sabe ahora que existe en todo el mundo un número sustancialmente mayor de lo que se creía de grullas damisela y grullas comunes. Alrededor de la mitad de la población mundial de casi un tercio de millón de grullas damisela pasan el invierno en Gujarat, al norte de India, después del periodo reproductivo en las estepas de Asia central de Kazajstán, Kirguizistán y Uzbekistán. Otras damiselas invernan en el este de India, después de volar desde las áreas reproductivas distantes de Mongolia y volar a través de las imponentes montañas del Himalaya. La lejanía de sus lugares de reproducción, áridos y poco poblados, ofrece mejores esperanzas para que continue la abundancia de estas elegantes grullas.

Del mismo modo, los hábitats de reproducción de la grulla común se extienden desde Escandinavia hacia el este, a través de prácticamente toda Rusia, dándole quizás el área de reproducción más amplia de todas las especies de grullas, y lo que es probablemente la segunda más común de todas las grullas, de cerca de medio millón de aves en 2006. En Europa, estas grullas han ampliado recientemente su área reproductiva al sur de Alemania, donde hasta 5.400 criaban en 2006. La cría ahora se produce a nivel local en Gran Bretaña, Francia, los Países Bajos, la República Checa y Hungría. Para el año 2005, al menos 160.000 grullas fueron a pasar el invierno en Francia, España y Portugal, mientras que otros 100.000 o más emigraron desde el Mar Báltico por el centro de Europa a las zonas de invernación dispersas desde la costa mediterránea de África, al sur, hasta Etiopía y Sudán. Las áreas de invernación en Europa se han desplazado hacia el norte en los últimos años, con cerca de 70.000 grullas invernantes en Francia durante el período 2000-2001, en comparación con sólo 100 sólo dos décadas antes. Gran parte de esta expansión reciente, tanto de áreas de reproducción como de invernacion europeas, se pueden atribuir a la protección internacional efectiva y al aumento de la producción de maiz, que las grullas de Eurasia han aprendido a explotar de la misma manera como lo han hecho las grullas en América del Norte.

Las estimaciones de población de la grulla australiana han variado mucho en el pasado, y la estimación de 15.000-20.000 dada en mi resumen anterior necesita ser actualizada. Gran parte de la confusión sobre la población de la grulla australiana se deriva de previas declaraciones no verificadas de que por lo menos 100.000 aves podrían haber estado presentes. Esta estimación ha sido recientemente reducida en un 50 por ciento a 40.000-50.000 aves, la mayoría de los cuales se encuentran en Queensland. Además, hay un pequeño grupo en el sur de Nueva Guinea, y una población de 500 a 1.000 aves en Victoria. Todas las grullas australianas dependen de los humedales estacionales para anidar. Como se señaló anteriormente, se alimentan ampliamente en una variedad de invertebrados y vegetación, pero sobre todo prefieren los tubérculos de "bukuru," una juncia nativa de humedales. Cuando se carece de alimentos naturales, como por ejemplo durante las sequías, las aves recurren a la alimentación en los campos agrícolas, llevándolos cada vez más a conflictos con los agricultores. Debido a la gran destrucción de los humedales, la reducción de los alimentos naturales, y la competencia (así como la hibridación) de grulla sarus mayor, el futuro a largo plazo de la grulla australiana está algo nublado.

En la India, la reproducción de la grulla nativa sarus coincide temporalmente con las lluvias del monzón, cuando los días de lluvias torrenciales se alternan con los muy calurosos y húmedos. Las mayores poblaciones reproductoras conocidas se centran en el norte de India, en la zona límite de los distritos del sudoeste de Uttar Pradesh Etawah y Mainpuri. Durante finales de 1990 y principios de 2000 alrededor de 250 parejas reproductoras se encontraban allí, pero la reciente construcción, conversión de humedales en tierras de cultivo, las perturbaciones humanas y las aplicaciones de pesticidas ha reducido la población reproductora de esta única zona húmeda muy importante de la grulla sarus. El hecho de que las grullas han logrado sobrevivir y continuar su reproducción en esta región densamente poblada es, sin duda celebrado, pero el crecimiento de la población humana en todo el mundo ha dado lugar a una amenaza cada vez mayor para la supervivencia a largo plazo de todas las grullas del mundo.

Las especies a continuación son presentadas en la secuencia taxonómica sugerida por el análisis mitocondrial de Krajewski, Sipiorki y Anderson (2010).

GRULLA CORONADA CUELLIGRIS (*Balearica regulorum*)

Esta especie y la relacionada grulla coronada cuellinegra comprenden un grupo de cuatro poblaciones que no se superponen, que ahora se confinan al sur del Sahara en África. Ellos son los únicos descendientes vivos de un grupo de grullas que una vez tuvieron una amplia distribución alrededor del mundo, incluyendo América del Norte, pero con el tiempo fueron reemplazados por tipos más avanzados de grullas. Las grullas coronadas tienen picos y patas relativamente cortos, fuertes y robustos, no elongados; las alas interiores son curvadas y carecen también de la estructura traqueal muy alargada, que es tan característico de las grullas más avanzadas. Sin embargo, es un grupo muy atractivo de aves, con distintivas coronas amarillo-doradas, con coberteras alares blancas a doradas y ojos blanco-grisáceos a azul pálidos.

Todas las grullas coronadas están asociadas a campos abiertos, especialmente prefieren pastizales en las proximidades de cuerpos de agua. A diferencia de los otros tipos de grullas, éstas prefieren anidar en lugares elevados, especialmente en árboles grandes. Sin embargo, a veces también descansan en aguas poco profundas en la misma forma que las grullas más típicas. Ellos son muy sociales, y fuera de la temporada de cría a menudo se reunen en bandadas de unas pocas docenas a un máximo de 150 aves. Al igual que otras grullas, son fuertemente monógamas, y, probablemente, incluso durante la temporada no reproductiva, la pareja o la familia es la unidad social nuclear. Las familias permanecen intactas durante 9 a 10 meses, después de lo cual los adultos se llevan a los jóvenes de su territorio y se preparan para anidar. En ese momento las aves juveniles de la misma área generalmente tienden a asociarse en bandadas, pasando gran parte de su tiempo alimentándose en los campos. Las grullas coronadas consumen una amplia variedad de alimentos, desde semillas y granos de las hierbas a insectos, lombrices de tierra, y a veces incluso crustáceos.

Como el resto de las grullas, esta especie danza, y la danza incluye saltos con energía y movimientos inclinados, en arco, así como un erizado de las plumas largas y ornamentales de la parte inferior del cuello y el pecho. Las alas también se extienden, exponiendo las hermosas y contrastantes coberteras alares superiores. La llamada al unísono de la pareja se realiza con las aves erguidas en una posición estacionaria; cuando la llamada es emitida, el saco gular rojo se infla y se gira la cabeza lentamente de lado a lado. Las alas no se elevan o se mueven durante la llamada al unísono.

La grulla coronada cuelligris se distribuye desde el norte de Suráfrica al extremo este de Zaire, Uganda y Kenia, estando las aves que están más al norte en Kenia separadas por sólo unos cientos de millas de la raza oriental de la grulla coronada cuellinegra. Estas aves son relativamente comunes en muchas áreas, como en Kenia y el sur de Uganda, donde la densidad de la población es de 2 a 3 aves por milla cuadrada en algunos lugares. Su época de reproducción es muy variable, produciéndo la cría en Uganda durante todo el año, mientras que en Zambia los registros de anidación se extienden desde diciembre a abril, durante la temporada de lluvias. La crianza durante la estación húmeda (en el verano) es típica en Malawi, Zimbabwe y Sudáfrica, ocurriendo en enero el pico aproximado de reproducción. En Sudáfrica, ellas anidan en pantanos abiertos y poco profundos, en los cuales crecen pastos y juncos, cuyas densidades relativas y de alto porte permiten ocultar con eficacia a las aves que están incubando. Los territorios de reproducción tienen un área de 200 a 900 acres, dependiendo de las densidades de la población local. Ponen de dos a cuatro huevos, y tiene un lapso de incubación de cerca de 30 dias. El período que tardan en llegar a volantones oscila de 60 a 100 días. Como en las grullas damiselas, las grullas coronadas mudan sus grandes plumas de las alas poco a poco, por lo que nunca llegan a dejar de poder volar durante su período de muda.

GRULLA CORONADA CUELLINEGRA (*Balearica pavonina*)

Las grullas coronadas cuellinegra se encuentran en el África subsahariana desde Senegal, Sierra Leona, Nigeria y el norte de Camerún en el oeste hacia el este, hasta el alto valle del Nilo. Las poblaciones más occidentales (la "grulla coronada cuellinegra de África Occidental") difieren ligeramente de las del valle del Nilo superior (la "grulla coronada cuellinegra del Sudán"), esta última raza se extiende desde alrededor de Jartum al sur del lago Turkana y el este de los lagos etíopes. En mi libro anterior he tratado la grulla coronada cuelligris del sur de África como solamente racialmente distinta de la grulla coronada cuellinegro, pero el más reciente manual sobre las aves de África los considera como especies distintas, y están por lo tanto asi tratadas aquí. Aunque se carece de datos fiables, parece que la grulla coronada cuellinegra de África Occidental está disminuyendo rápidamente y tal vez los números están en las cercanías de 10.000-15.000 aves, mientras que la grulla coronada cuellinegra del Sudán es de estatus incierto. Las principales concentraciones restantes de la raza occidental aparentemente están en la cuenca del lago Chad (7.000-10.000), Mauritania (2.500-3.500) y Senegambia (2.000-3.000). Se ha extirpado de Sierra Leona y de gran parte de Nigeria (donde, irónicamente, ha sido designado como el ave nacional).

Las grullas coronadas cuellinegra difieren ligeramente en el color del cuello de sus familiares coronadas cuelligris y de sus parientes más al sur. Además de su coloración corporal generalmente más oscura, también tienen un saco gular mucho más pequeño, que aparentemente sirve también como un resonador vocal. Como resultado de ello, las llamadas de la grulla coronada cuellinegra son más agudas y resuenan menos fuertemente que los de la grulla coronada cuelligris, lo que resulta en notas bisilábicas de tono variable. Las aves de la raza oriental de la grulla coronada cuellinegra también tienden a ser un poco más pequeñas y más oscuras que las de más al oeste, y exhiben un área blanca pequeña en la mejilla superior que la que tienen las aves de la raza occidental. En ambas razas la parte inferior de la mejilla esta teñida de rojo.

Los estudios realizados por Lawrence Walkinshaw en la reproducción de las grullas en Nigeria indican que son muy territoriales, y la zona de anidación va desde 200 a más de 900 acres. No sólo las otras grullas coronadas son excluidas de los territorios de anidación, sino también gansos espolones, varios patos y avutardos. Las grullas también espantan el ganado que se acerca muy cerca del nido.

Como la grulla coronada cuelligris, estas aves producen nidadas promedio de tres huevos, en comparación con las nidadas típicas de dos huevos de las grullas del género *Grus*. Los huevos son puestos en intervalos promedio de poco más de un día por cada huevo. El período de incubación es de 28-31 días, con el período del último huevo puesto algo más corto que los huevos puestos de primero, resultando en un período de eclosión grupal. La mayoría o la totalidad de los polluelos nacen dentro de un período de 24 horas, y en el segundo día después de la eclosión toda la prole es capaz de abandonar los alrededores del nido. Las aves tienden entonces a moverse hacia los bosques frondosos, donde pasan los próximos tres o cuatro meses antes de alzar vuelo. El período como volantones es muy variables en las grullas coronadas. Algunos pájaros criados en cautiverio en África Occidental no volaron hasta que tuvieron cuatro meses de edad, mientras que algunas aves de África oriental criadas también en cautiverio estuvieron casi listas para volar sólo con dos meses de edad. Probablemente 60 a 100 dias es un rango normal en los períodos de cambio a volantones en las grullas coronadas. La disponibilidad de alimentos para los juveniles debe influir en las tasas en que dejan el nido esta especie.

Las grullas coronadas, llamadas así por su penacho de plumas doradas en la cabeza, son las más características de todas las grullas vivientes, y el género *Balearica* suele ser separado de otros géneros de la grulla por su ubicación en una subfamilia única. La evidencia de la biología molecular sugiere que la divergencia de los ancestros de las grullas coronadas y las grullas más típicas pudo haber ocurrido hace alrededor de diez millones de años, reteniendo el linaje de la grulla coronada aparentemente un mayor número de rasgos "primitivos" de todas las otras grullas vivientes. Por ejemplo, las grullas coronadas son las únicas grullas vivas con patas con largos dedos prensiles, lo que les permite agarrarse bien e incluso dormir fácilmente en árboles. La presencia de este rasgo podría sugerir que las grullas primitivas evolucionaron de ancestros que pernoctaban en los árboles. Quizás similares a los carraos (*Aramus*) que viven en los pantanos y ciénagas arboladas de la América tropical, o se parecían a las grullas de los bosques húmedos de América del Sur (del genero *Psophia*), más adaptadas a ambientes terrestres y boscosos.

GRULLA SIBERIANA
(*Bugeranus leucogeranus*)

Hasta hace poco, la grulla siberiana había sido considerada como la segunda grulla más rara del mundo, con una población conocida de unos pocos cientos de aves. En 1980, una nueva bandada más grande fue descubierta invernando en el este de China, y nuevas esperanzas surgieron para la conservación de esta hermosa especie, que es llamada indistintamente el "lirio de los pájaros" en la India, la "corona de nieve" en Rusia, y la "grulla con mangas negras" en China. Es conocido que anidan en sólo dos áreas de Rusia, que incluyen una pequeña población reproductiva cerca de la confluencia de los ríos Ob y Pechora, y una segunda y más grande población reproductiva oriental localizada desde la baja cuenca del río Kolyma al oeste hasta los ríos Indirika y bajo Yana. Un pequeño grupo (4 aves en los inicios de los 2000, ahora tal vez extintos) invernaron a lo largo del sur del Mar Caspio en el área costera de Irán, una segunda bandada (9 aves en el comienzo de los 2000) en Rajastán, India, invernaron en el santuario de Keoladeo Ghana. Ambos grupos representaron los remanentes de la pequeña población reproductora occidental. La bandada principal sobreviviente inverna en las zonas pantanosas del norte de la provincia de Jiangxi cerca de los lagos Poyang y Dongting, a lo largo del bajo rio Yangtsé (Changjiang) en el este de China. Esta bandada evidentemente consiste de toda la población reproductora del este de Siberia, que en los comienzos de los 2000 se estimaba que consistía en cerca de 3.000 aves.

Las grullas siberianas son claramente diferentes de todas las otras grullas blancas del mundo, y probablemente no están cercanamente relacionadas con cualquiera de estas. Su comportamiento de llamada al unísono y sus adaptaciones de forrajeo sugieren afinidades con la grulla carunculada africana. Al igual que esta especie, tienen una voz más aguda y algo semejante a los gansos, y la ceremonia de llamada al unísono se caracteriza por su fuerte descenso del ala extrema y el cuello estirado, sobre todo en el macho. Ambas especies también tienen estructuras traqueales que penetran sólo ligeramente la parte delantera del esternón.

En el este de Siberia, estas grullas anidan en la tundra ártica, a menudo en áreas de marea llanas o en planicies y depresiones pantanosas de lechos antiguos de lagos que ahora están cubiertos por pastos cortos y juncos. En el oeste de Siberia ellos se reproducen en zonas pantanosas cubiertas de musgo del bosque de taiga del norte, especialmente en los pantanos rodeados de pinos achaparrados. Durante el resto del año ocupan hábitats más diversos, pero por lo general se encuentran donde las aves pueden vadear las aguas poco profundas y donde hay una abundancia de raíces de las plantas acuáticas. Les gustan especialmente los tubérculos de junco, que pueden alcanzar y comer fácilmente con sus picos largos y aserrados. Pueden consumir a veces una pequeña cantidad de vida animal, especialmente cuando la capa de nieve hace que la vida vegetal no esté disponible a principios de la temporada de reproducción.

Las aves llegan a sus áreas de anidación en Siberia a finales de mayo y comienzan a poner tan pronto como sus sitios de anidación quedan libres de nieve. Sus territorios de reproducción se encuentran dispersos, con parejas individuales separadas por distancias de varias millas, por lo que es poco probable que se produzcan encuentros territoriales directos. Los nidos son a menudo construidos en el borde de lagos grandes, y la incubación tiene una duración de sólo 27 a 29 días, un período sorprendentemente corto. El período normal para llegar a volantones requiere de 70 a 75 días. La muda en las alas se produce durante este mismo período en que es levantado el pichon a finales del verano, y las aves están sin volar por un tiempo. La madurez sexual se retrasa en esta especie, a juzgar por la escasa información disponible sobre las aves en cautiverio.

La grulla siberiana se considera una especie en peligro de extinción por el ICBP y la IUCN, y también aparece en el Libro Rojo de Rusia como una especie en peligro de extinción. Sin embargo, el descubrimiento de la gran bandada invernal en China, sin embargo, ha mejorado considerablemente las perspectivas de conservación. Investigaciones recientes utilizando técnicas de hibridización de DNA han demostrado que ésta es probablemente una especie muy aislada en un sentido genético, sólo superada por las grullas coronadas, en términos de su aislamiento de otras especies vivas de las grullas.

GRULLA CARUNCULADA (*Bugeranus carunculatus*)

La grulla carunculada distintiva de África es una de las mayores grullas del mundo y, a excepción de la de Australia y las dos grullas coronadas, es la única que distintivamente es barbada. Sin embargo, la diferencia en estas especies es que en la grulla carunculada la barba está cubierta por plumas, con sólo la porción anterior desnuda y rojiza. La parte frontal de la cara (que se extiende hacia atrás de los ojos) es de color rojizo, con papilas parecidas a verrugas en ambos sexos, y las plumas de las alas interiores (terciarias) son muy alargadas, ocultando la cola de las aves en reposo. La voz de la grulla carunculada es un grito agudo, con un tono del macho ligeramente inferior al de la hembra. En ambos sexos la estructura traqueal no es muy compleja dentro del esternón.

Las grullas carunculadas son probablemente las más gravemente amenazadas de las grullas africanas. Ellas están ahora en su mayoría limitadas en su distribución en el área de la cuenca del Zambezi superior, aunque en épocas anteriores se encontraban al sur de la provincia del Cabo y al oeste cerca de la desembocadura del Congo. Además de la población de la cuenca del Zambeze, hay un pequeño grupo en el centro de Natal y el Transvaal de Sudáfrica, una población periférica pequeña, en Ovambo, al norte de Namibia, y una tercera población que una vez que se encontró a nivel local en las tierras altas de Etiopía. El estado actual de esta última población es precario, tal vez limitada a unas pocas parejas en las Montañas del Parque Nacional Bale, al sudeste de Etiopía.

Esta grulla está asociada con grandes áreas de humedales poco profundos. El forrajeo lo realiza mediante el sondeo en el suelo mojado o húmedo debajo de las partes subterráneas de los juncos, y por el consumo de plantas acuáticas, como nenúfares. Puede que en ocasiones también coman presas tales como ranas y serpientes. Así, la grulla carunculada forrajea de una manera bastante parecida a la grulla siberiana, una especie que es considerada por algunos como el pariente más cercano de la grulla carunculada. La época de reproducción se extiende durante todo el año en Natal y Zambia, mientras que en Etiopía y Malawi los registros de cría van de mayo a octubre. Los territorios de cría incluyen nidos que se encuentran en áreas abiertas de pastizales o en en áreas de pantanos cubiertas por juncos hasta un metro de profundidad, con una alta y densa vegetación emergente. El nido es un montón sustancial de dicha vegetación, con el área alrededor del nido bien despojada de plantas en crecimiento. Las grullas carunculadas tienen el tamaño de nidada promedio más pequeña de todas las grullas, un promedio de sólo 1,5 huevos por nidada. Además tienen un largo período de incubación de 33 a 40 días y un período de volantones extremadamente largo de 103 a 148 días. Este período largo como volantones parece poner a los juveniles en riesgo considerable a la depredación. Tal vez por estas razones, el éxito reproductivo de las grullas carunculadas parece ser muy bajo, siendo los juveniles volantones menos del 5 por ciento de la población post reproductiva.

La población total de grullas carunculadas está probablemente entre 4.000 y 6.000 aves, colocándola cerca del tope de la lista de especies de grullas que merecen atención especial de conservación. Sólo recientemente se ha añadido a la lista de especies de grullas en peligro del mundo. Zambia (Planicies de Kafue y cuenca del Benguela) y Botswana (Delta del Okavango y Makgadikgadi Pan) sustentan la mayoría de las poblaciones restantes de esta especie, pero pueden verse gravemente amenazadas en África del Sur, así como en Etiopía. Proyectos en curso o en propuestas, para el desarrollo del recurso agua en pleno centro del área remanente de distribución de la grulla carunculada en la cuenca del Zambezi superior hacen que su conservación necesite ser considerada de una manera particularmente urgente.

GRULLA DEL PARAISO
(*Anthropoides paradisea*)

Esta hermosa especie, a veces llamada la grulla de Stanley, o grulla del paraíso, es una de las dos grullas que han sido designadas como "ave nacional" de un país (por la República de Sudáfrica). También tiene una de las distribuciones más restringidas de las grullas, esta esencialmente limitada a Sudáfrica incluyendo Swazilandia y Lesotho, además de una población pequeña y aislada, cerca de la Etosha Pan de Namibia. La grulla del paraíso es un pariente cercano de la grulla damisela, y, como ella, se adapta especialmente a los pastizales áridos. Es especialmente característica de las colinas cubiertas de hierba y valles con árboles dispersos, sólo donde la cobertura de césped es grueso y corto. En Natal, las aves se crían en las zonas montañosas "Bergveld" entre 3.300 y 6.500 pies de altitud. Allí el clima es templado, y la mayoría de la precipitación ocurre durante los meses de verano, a menudo en forma de granizo. Durante la temporada del frío y seco invierno, las aves se trasladan a zonas más bajas.

Las grullas del paraíso tienen pico corto y moderadamente puntiagudo y toman la mayor parte de sus alimentos de la superficie del suelo o de la vegetación baja. No se han encontrado excavando con sus picos en busca de alimentos, ni alimentándose en el agua, aunque en la noche descansan en el agua y algunas veces se encuentran entre bandadas invernales. En esa época del año, son muy sociables y pueden formar bandadas de hasta 300 aves. En esa temporada, pueden también forrajear entre los rebaños de ungulados como las gacelas antílopes, con los que conforman una sociedad integrada, las grullas, en constante alerta, a veces advierten a los antílopes de posibles peligros.

Las grullas del paraiso son territoriales, y aunque son demasiado pequeñas para expulsar grullas carunculadas de sus territorios de anidación, ellas no dudan en atacar el ganado o la mayoría de las especies de aves que se acercan demasiado a sus nidos. Cuando los seres humanos se aproximan, por lo general simplemente se apartan, aunque pueden dar llamadas de alerta, danzar, o circundar al intruso con sus alas extendidas.

La época de reproducción de las grullas del paraiso se limita al período de verano entre octubre y marzo, con una mayor producción de huevos en diciembre. Los nidos se sitúan cerca del agua, aunque pueden ser colocados en lugares muy secos en hábitats de pastos cortos del piedemonte. Producen consistentemente dos huevos en la nidada, que son puestos con uno a tres días de diferencia. El período de incubación dura de 30 a 33 días, y la eclosión de los huevos es relativamente sincronizada, aunque a veces los polluelos eclosionan en días sucesivos. Poco después de que el último polluelo ha nacido, el nido es abandonado y la familia se aleja gradualmente del nido. El período de volantón probablemente dura cerca de 85 días. Hay una variación considerable en la tasa de crecimiento de los polluelos y volantones resultantes, en relación con algunas aves silvestres cuyos volantones crecen en menos de cuatro meses y otras no antes de cerca de seis meses de edad. Los jóvenes permanecen con sus padres hasta la siguiente temporada de cría, cuando son alejados del territorio de reproducción por sus padres.

A pesar de su pequeño rango total, esta especie sigue siendo bastante común localmente, sin duda, en parte debido a su estatus especial de protección como el ave nacional de Sudáfrica. No hay estimaciones precisas disponibles de su población, pero se cree que al comienzo de los 2000 su número rondaba las 20,000. Se cree que la causa principal de un marcado descenso de la población esta relacionada con el producto de las actividades agrícolas contaminantes.

GRULLA DAMISELA (*Anthropoides virgo*)

Esta grulla más pequeña, "semejante a una damisela", y la más elegante de todas las grullas del mundo, es un pariente de la grulla del paraiso. Al igual que esta especie tiene una corona totalmente emplumada, con plumas de las alas interiores claramente alargadas y un pecho algo hirsuto. Está adaptada a ambientes de tierras altas dominadas por pastizales. En efecto, de todas las grullas, la grulla damisela es tal vez la más adaptada a ambientes áridos. Tiene una amplia distribución que una vez incluyó el noroeste de África (Argelia, Túnez, y este de Marruecos), pero ahora está restringida a una pequeña área remanente en Marruecos. La región principal de reproducción se extiende desde Turquía y la región del Mar Negro, a través del sur de Ukranea y Crimea, y através de Kazajstán, Mongolia y Noreste de China. Sus densidades de cría son bajas en todo este amplio rango de distribución, pero invernan en gran número en el norte de África (desde el este del Lago Chad al valle del Nilo) y en el subcontinente indio. En Kazajstán y Asia Central, la damisela ha disminuido en gran parte de su área de distribución original en la estepa y ahora está desapareciendo rápidamente. Pero en grado limitado, ésta ha comenzado a anidar en áreas agrícolas modificadas.

A lo largo de su área de reproducción, la grulla damisela se encuentra desde hábitats tipo estepa a hábitats semidesérticos. Se mueve en las marismas y pantanos sólo para forrajear o descansar. Las aves, sin embargo, prefieren anidar no más de una milla de las fuentes de agua, y los nidos a menudo se encuentran a unos pocos cientos de metros de la misma. Durante el período de invierno las bandadas se reúnen en los campos de arroz, a lo largo de las márgenes de los humedales someros que dependen del monzón ("jheels") y de los reservorios ("tanques"), y en otros hábitats abiertos y de humedad variable. Las perchas se encuentran a menudo a lo largo de los bancos de arena de los grandes ríos o de los márgenes de las lagunas poco profundas, como en las grullas grises.

La grulla damisela es una grulla sociable, al menos en sus zonas invernales, y sus bandadas con miles de aves han sido reportadas durante la temporada. Las aves generalmente se mezclan con las grullas comunes en las zonas invernales, y pueden forrajear o dormir con ellas en grandes bandadas mixtas. La "danza" se ha observado tanto entre las aves invernantes como en las bandadas durante las migraciones de primavera y otoño. El baile de estas pequeñas grullas es muy animado, rápido y elegante, con movimientos semejantes al ballet, a veces con aves "espectadoras" formando un anillo alrededor de los individuos que están danzando.

Esta es una especie que anida en primavera. En Rusia los huevos son puestos durante abril y mayo, pero en Siberia algunas veces algo más tarde, como en junio. Ponen casi invariablemente dos huevos, y estos son manchados y de color de tal manera que se mezclan muy bien con el fondo. El nido también es colocado donde están piedras pequeñas. En éstos no añaden materiales vegetales, por lo que las piedras circundantes ayudan a proporcionar camuflaje visual. El período de incubación es de 27 a 29 días, es el período de incubación más corto de todas las grullas. La mayor parte de la incubación es llevada a cabo por la hembra. El período de volantón es de 55 a 65 días, que también es muy corto para las grullas. Durante el período con los volantones, los adultos no llegan a dejar de volar, sino que pierden sus plumas de vuelo poco a poco, y continúan reemplazándolas durante la migración de otoño. Este patrón de muda gradual puede reflejar una adaptación a las tierras secas de reproducción, donde los cuerpos de agua, en el que las aves no voladoras podrían escapar de los depredadores terrestres, son escasos o no existen.

No se sabe con certeza cuánto tiempo duran los lazos familiares, pero es probable que persistan durante el primer invierno de sus vidas, con el juvenil dejando a sus padres cuando tiene un poco menos de un año de edad.

GRULLA CUELLIBLANCO
(*Grus vipio*)

La grulla cuelliblanco está bien denominada, es la única grulla cabeza blanca que tiene un parche facial de color rojo que se extiende hacia atrás lo suficientemente lejos para incluir la abertura del oído, y es la única que tiene una raya gris oscura que se extiende hasta el lado del cuello para terminar en un punto ligeramente por detrás de la región facial desnuda. Esta especie ha sido clasificada como "vulnerable" por la IUCN, y está principalmente limitada en su rango de reproducción a Rusia, donde es considerada como muy rara, con números decrecientes. Se sabe que se reproduce en grupos pequeños en varias localidades diferentes de Rusia, incluyendo la cuenca media del río Amur y el valle del río Ussuri, y al menos hasta hace poco anidaba comúnmente a lo largo de la orilla del lago Khanka, en la cuenca del Ussuri superior. Esta grulla no está adecuadamente protegida en alguna de estas áreas. Quizás el noreste de Mongolia (la cuenca del rio Uldz) sustenta actualmente la mayor superficie de hábitat potencial de cría. Para el 2000, la población total del mundo contaba con unas 4.500-5.000 de estas aves.

Durante el invierno, esta grulla se encuentra en el este de China, Corea del Sur (sobre todo cerca de la zona desmilitarizada), y en el sur de Japón, donde ocupa un área restringida en los distritos de Izumi y Akune al sudoeste de Kyushu. En la última área mencionada es que se dan las mejores oportunidades para censarlas, y en años recientes había alrededor de 2.000 aves invernantes presentes en Kyushu. La concentración de esta cantidad de cuelliblancos, así como un número importante de grullas monjes, ha causado muchos problemas locales de daños a cultivos por las grullas, y los turistas observadores de aves han tenido efectos perturbadores, tanto en los residentes locales como en las grullas. Es de vital importancia que el Japón maneje sus grullas invernantes raras de tal manera que se tomen en cuenta todos estos intereses algunas veces conflictivos.

Las aves anidan en zonas de pastizales o pantanos de anchos valles fluviales, o en depresiones lacustres en la estepa o en hábitats boscosos en la estepa. La reproducción ocurre típicamente en abril y mayo, con nidos que consisten de una amplia plataforma de hierbas. La nidada usual es de dos huevos, los cuales son incubados durante 28 a 32 dias, principalmente por la hembra. Después de la eclosión, necesitan de 70 a 75 dias para llegar a volantones. Como en otras grullas, el juvenil permanece con sus padres durante la mayor parte de su primer año de vida, hasta la siguiente temporada reproductiva.

Sus hábitats invernales son principalmente pantanos salobres y arrozales, cercanos a los dormideros en los pantanos salobres, en las marismas, o en los bancos de arena y bordes de los lagos poco profundos. Actualmente la zona desmilitarizada de Corea ofrece un refugio fortuito para unos pocos cientos de grullas migratorias e invernantes, pero esta es una situación que podría cambiar sin previo aviso. La creación por el Ministerio de Silvicultura de China de una reserva natural en el lago Poyang en la provincia de Jiangxi, no sólo ha sido de vital importancia para la grulla siberiana, pero también ha sido de gran valor para la grulla cuelliblanco. Entre 1989 y 1990, casi 3.000 grullas cuelliblanco se contaron allí durante el período de invierno. Rusia ha incluido a esta grulla en su Libro Rojo de especies amenazadas y en peligro de extinción, y ha estado haciendo grandes esfuerzos para protegerla y a su hábitat de cría, aunque la mayor parte de sus hábitats de reproducción se encuentran en el noreste de China. La preservación de áreas adecuadas de estos dos tipos de hábitat de cria e invernación, los cuales son afectados frecuentemente por los intereses agrícolas, será necesario para la continuidad de la supervivencia de esta bella grulla.

GRULLA AUSTRALIANA O BROLGA (*Grus rubicundus*)

Esta grulla, que en Australia es a menudo llamado el brolga (una deformación de un nombre aborigen) o el compañero nativo, es un pariente cercano de la grulla sarus. Ambas son altas, de pico largo, pájaros predominantemente grisáceos, con una cabeza que está sobre todo sin plumas en los adultos. Sin embargo, el plumaje de la grulla brolga o australiana llega un poco más arriba en el cuello, y tiene un zarzo o papada más distintiva en la garganta, así como patas negruzcas en lugar de rojizas. Ambas especies articulan unas llamadas fuertes y resonantes. Durante la llamada al unísono, los machos de ambas especies arquean con fuerza sus alas y echan hacia atrás la cabeza y el cuello en una posición totalmente vertical. En la grulla australiana las llamadas al unísono son un poco más fuertes y más bajas en tono que las de la grulla sarus. A veces se consiguen parejas mixtas de grullas brolga y sarus incluso en condiciones silvestres, y la hibridación natural ha sido reportada en zonas del norte de Australia. En este ámbito, la grulla australiana ha sido abundante, pero la grulla sarus fue reportada por primera vez en los años 1950 y ha comenzado a colonizar la región gradualmente.

La grulla australiana está muy extendida en las partes del norte de Australia y se encuentran localmente tan al sur como el sur de Victoria. La mayor abundancia y más densas concentraciones se encuentran en Queensland, especialmente en la región entre las llanuras de Waverly y Rocky River. Allí las grullas buscan los pantanos de agua dulce que están dominados por el junco *Eleocharis,* las grullas forrajean de los tubérculos de estos juncos. Durante la mayor parte del año estos tubérculos, localmente llamados "bulkuru" comprenden la fuente primaria de alimento de la especie, pero en algunas zonas también se consumen otros juncos. También pueden comer varios cultivos de cereales, algunos insectos y otros invertebrados.

El tiempo de anidación de esta especie coincide con la temporada de lluvias, que en el norte de Australia por lo general comienza en diciembre. Con el inicio de la temporada de lluvias, hay inundaciones de tierras bajas y se llenan los pantanos y lagunas estacionales. Cuando esto ocurre, la anidación comienza inmediatamente, y, normalmente los polluelos ya han eclosionado en el momento en que las lagunas comienzan a secarse de nuevo. En este momento hay un movimiento gradual de los adultos y los juveniles de vuelta a los pantanos costeros permanentes, donde ocurre también alguna anidación. La duración y severidad de la estación seca varía considerablemente de un año a otro, por lo que hay variaciones considerables en los movimientos estacionales de las grullas.

La incubación en esta especie dura de 28 a 36 días, y casi todos los nidos de las aves silvestres contienen dos huevos. Los juveniles se mantienen como volantones hasta cerca de las 14 semanas de edad y permanecen con sus padres hasta que llegan a cumplir casi tres años, aunque, por supuesto, son expulsados del territorio de sus padres durante la temporada de anidación. La duración de la temporada de cría en estas zonas tropicales a veces puede permitir hasta dos esfuerzos de reanidacion en el caso de fallos de anidación temprana.

GRULLA SARUS
(*Grus antigone*)

La grulla sarus es la más alta de las grullas del mundo y es también una de las más pesadas, los machos adultos erguidos llegan a medir cerca de seis pies de altura y pesar un promedio de más de 18 libras. Las aves tienen un amplio rango de distribución en la península de la India, y al menos inicialmente también se distribuyeron en gran parte de Indochina, e incluso llegaron a estar en las Filipinas. En las últimas décadas, han logrado llegar y colonizar un área bastante grande en el norte de Australia (Territorio del Norte y el norte de Queensland), pero, aparentemente, han sido erradicados de Luzón y una parte sustancial de Indochina. Ellos siguen siendo comunes en el norte de la India, donde los hindúes la consideran sagrada, y donde tal vez sirvieron de base original de la mítica ave garuda.

Al igual que en la grulla australiana, la mayor parte de la cabeza y parte superior del cuello del saru adulto está desprovisto de plumas y, a excepción de la corona grisácea, toda la región de la cabeza es una piel sorprendente roja. El nombre vernáculo sarus es de origen hindú. Linneo dio a la grulla sarus el nombre específico *antigone*, en referencia a la hija de Edipo.

En el norte de la India estas aves están asociadas con una amplia variedad de hábitats de humedales, la mayoría de los cuales son humedales estacionales, inundados durante el período de los monzones. La llegada de las lluvias del monzón pone en marcha la reproducción, pero durante los años donde no ocurre la inundación de tierras bajas, puede no haber anidación. Durante los períodos no reproductivos, las aves acuden en un número limitado, aunque son raros los tamaños de bandadas de más de 100 aves. Las grullas son omnívoras, consumiendo no sólo una amplia gama de materiales vegetales, sino también los alimentos de origen animal que varían en tamaño desde langostas a serpientes de agua moderadamente grandes.

La actividad territorial comienza tan sólo una semana después del inicio de la temporada de lluvias. En ese momento, las bandadas se dispersan y las parejas comienzan a defender las áreas que varían en tamaño desde 100 a 150 hectáreas. Los nidos se construyen en aguas poco profundas, que consiste en grandes montones de vegetación que se colocan entre los tocones u otras estructuras de apoyo. Ponen dos huevos que son incubados entre 31 a 35 días. La mayoría de la incubación es llevada a cabo por la hembra, mientras que el macho asume la responsabilidad de vigilar y avistar cualquier peligro posible. Los adultos son lo suficientemente grandes para prevenir que casi todos los posibles enemigos se acerquen al nido, incluyendo las numerosas rapaces que son comunes en la región.

Los polluelos son llevados fuera del nido al cabo de unos pocos días. Ellos requieren de 85 a 100 días para llegar a ser volantones. Los juveniles permanecen con sus padres durante unos diez meses, momento en el que los adultos generalmente comienzan de nuevo la reproducción. Aunque se conoce que los adultos mudan su plumaje de vuelo durante el tiempo que los juveniles están siendo criados, poco se sabe de su duración. La población de la raza occidental de la grulla sarus está aparentemente haciendolo bastante bien, siendo su número cercano a los 10.000 individuos, pero la raza oriental puede estar seriamente amenazada en el continente asiático. En la reserva de Tram Chin, Vietnam, el censo del invierno 1989/90 reveló sólo 800 aves, y su población total podría variar dentro de un rango comprendido entre 500 a 1.500 aves. En el norte de Australia, sin embargo, la grulla sarus está prosperando, puede estar aproximándose a unas 5.000 aves. Debido a sus ventajas ecológicas sobre la más pequeña grulla australiana, la grulla sarus puede llegar, en el futuro, a ser la especie de grulla dominante en la parte norte de Australia.

GRULLA DE MANCHURIA O MANCHU (*Grus japonensis*)

Esta maravillosa grulla asiática también se conoce por una variedad de nombres en español, incluyendo grulla rojo-coronada, y grulla japonesa, pero ninguno de ellos es particularmente adecuado para un ave tan magnífica. Es posible que sea la más hermosa de todas las grullas, con un plumaje blanco como la nieve que parte desde una corona de color rojo y un plumaje de vuelo negro azabache, además de plumas negras similares en la cabeza y parte superior del cuello, pero con una nuca blanca contrastando con la parte posterior del cuello. Los adultos son de los más pesados de todas las especies de grullas, los machos pesan hasta 25 libras durante el otoño. Similarmente a la grulla blanca, la grulla manchu tiene una voz muy fuerte que puede fácilmente llegar a oírse hasta una milla o más en condiciones favorables.

Como en la grulla blanca, la grulla manchu defiende grandes territorios en pantanos de aguas profundas, ciénagas y pastos húmedos, que miden desde 0,4 a 4,5 millas cuadradas. Los nidos son construidos sobre tierra humeda o sobre aguas someras, donde la vegetación circundante del pantano puede llegar hasta 80 pulgadas de longitud. La incubación dura entre 29 a 34 dias, siendo la hembra quien principalmente incuba, mientras que el macho defiende el nido. Después de la eclosión, la familia puede mudarse para forrajear en hábitats más secos. Los polluelos llegan a volantones alrededor de los 95 dias de edad, y se ha encontrado que, en la población protegida en Japón, el éxito reproductivo puede llegar a ser de 12 a 15 porciento.

La grulla manchu es considerada "vulnerable" en el Libro Rojo de Datos (Red Data Book) del ICBP, y su población en la década de 1970 se creía que estaba en números menores a 500 aves. La mayoría de ellas estaban entonces restringidas a Hokkaido, Japón, donde sobrevive una población relicta residente y es esencialmente no migratoria, aunque llegan a rondar tan lejos como el distrito de Kushiro de Hokkaido. Las aves continentales se reproducen en las cuencas de Amur y Ussuri del sureste de Rusia, dentro de Mongolia, y en el noreste de China (provincias de Heilongiian, Julin y Liaoning). Las aves que crian más a oeste, invernan a lo largo de la costa de China, mientras que las del este invernan en las vecindades de la Zona Desmilitarizada de Corea.

Se creyó durante un tiempo que la población de Hokkaido de la grulla manchu se había extinguido, pero se encontró un pequeño grupo de pájaros que anidaban cerca de Bali en 1924. A pesar de la protección dada, la población aumentó lentamente hasta 1950, cuando se inició la alimentación suplementaria durante el invierno. A mediados de la década de 1960 la población había llegado a 200 aves, y para el 2000 esta había excedido los 1.000. En el continente asiático la zona principal de cría de la especie se encuentra en las cercanías del lago Khanka en Rusia y a lo largo de los ríos Amur y Ussuri, donde se descubrió la primera anidación hace más de un siglo. Sin embargo, su hábitat se ha visto muy restringido en los últimos años, y tal vez ahora es más común hacia el oeste, en la cuenca de los ríos Sungari y Nun en China. En total, la bandada del continente asiático cuenta con 1.200 a 1.400 aves. Parte de esta bandada reproductora inverna en Corea, sobre todo alrededor de la Zona Desmilitarizada. La otra área de invernación, importante para la población continental, está a lo largo de la costa de la provincia de Jiangsu de China, cerca de la desembocadura del río Yangtsé. La Reserva Natural Yancheng en esa área ahora quizás ofrece el hábitat más crítico de invierno de la grulla manchu en China. Al parecer, los alimentos preferidos de esta especie son muy similares a los de la grulla blanca, e incluyen una cantidad sustancial de materiales de origen animal. Gran parte de su comida lo obtiene así vadeando y buscando animales acuáticos, como caracoles, cangrejos, peces y similares. Sin embargo, también se basa en gran medida en la alimentación artificial (de maíz) durante el invierno en Hokkaido.

Aunque los japoneses deben ser admirados en gran medida por sus esfuerzos en salvar a esta grulla en Hokkaido, y en la protección de una parte del pantano de Kushiro de la destrucción, es ahora evidente que la población está esencialmente saturada. Si la población mundial de la especie crece más tendrá que conservarse otras áreas de hábitats adecuados para la reproducción de ella, sobre todo en el continente. A partir de 2010 su población total invernal conocida fue probablemente alrededor de 2.500-2.700 aves (1.100 en Japon, y entre 1.000 a 1.400 en Asia).

GRULLA COMUN
(*Grus grus*)

Esta es la "grulla común" de Europa y la que tiene la distribución más amplia de reproducción de cualquiera de las grullas del Viejo Mundo. Actualmente se reproduce desde Escandinavia al oeste hasta al menos el río Kolyma y probablemente en el este del Mar de Okhotsk, y localmente al sur de Alemania, Polonia, las estepas del este de Europa y centro de Asia, y noreste de China. Las áreas invernales son igualmente amplias e incluyen Francia, España, Marruecos, Tunez, Etiopia, Sudan, Israel, Turquía, Iraq, Iran, norte de la India y sur de China.

Como la grulla gris, con la cual está muy estrechamente relacionada, esta especie es principalmente gris, pero a diferencia de la grulla gris tiene una franja blanca que se extiende desde las mejillas hacia la parte posterior del cuello, y la cara, la parte anterior del cuello y la nuca son negras. Esta es sólo moderadamente grande, con adultos que pesan aproximadamente 10 a 13 libras, o aproximadamente del tamaño de una grulla gris mayor. Su voz es igualmente fuerte y resonante, pero no tan penetrante como la de las grullas blancas y manchu. Durante la llamada al unísono ambos sexos levantan sus plumas terciarias curvadas, bajan sus plumas primarias, y estiran sus cuellos verticalmente.

A pesar de que la grulla eurasiática ha perdido poco a poco las zonas de reproducción en las partes occidentales de su área de distribución, todavía es moderadamente común en Escandinavia, y especialmente en Rusia, en donde pueden sustentar

60.000 a 100.000 aves. Su distribución se está expandiendo también en el centro de Europa. En el 2006 se estimó que Alemania sustentaba más de 5.400 parejas, y ahora se están reproduciendo un pequeño número de parejas en la Republica Checa y Hungria, y unos pocos son ahora residentes de Gran Bretaña durante todo el año.

No se han hecho esfuerzos para censar toda la población mundial de las grullas de Eurasia, pero hasta unas 70.000 inviernan en la Península Ibérica, las cuales junto con las grullas invernantes en el noroeste de África, probablemente incluyen casi todas las poblaciones reproductivas europeas y escandinavas. La Grulla común inverna también en Israel (cerca de 20.000 aves pasan el invierno en el valle del Hula). En los comienzos de los 2000, tal vez 300.000 grullas grises estaban presentes en el oeste de Europa, y según Carl-Albrech von Treuenfels, es posible que el total de la población mundial pueda ser tan alta como 450.000. En algunos años, las grullas invernan al sur de Túnez y otras grullas, probablemente de origen ruso, invernan con regularidad en los valles de los ríos de Sudán y las tierras altas de Etiopía, al sur de Addis Ababa. Gran parte de la población de Siberia aparentemente pasa por un embudo en el subcontinente indio, mientras que los de las regiones más orientales de Siberia migran hacia el sur hasta el sureste de China. Por desgracia, casi nada se sabe de los tamaños de las poblaciones de estos componentes.

A juzgar por los estudios en los países escandinavos, los territorios de reproduccion de las grullas euroasiáticas son muy grandes, y pueden ir desde unos 125 a más de 1.000 acres. Los nidos de parejas adyacentes a menudo están separados hasta 10 millas de distancia y rara vez están más cerca que una milla de distancia. Al igual que con otras grullas, el aislamiento visual es aparentemente un factor importante para influir en el tamaño mínimo de territorio, y por lo tanto una separación con zonas boscosas entre pantanos apropiados para anidar tiende a facilitar mayores densidades de anidación.

GRULLA MONJE
(*Grus monachus*)

Esta especie de grulla más bien pequeña se conoce por su nombre de raíz latina "grulla monje", en referencia a la "capucha" blanca que contrasta con el cuerpo gris oscuro a negruzco. Es una especie que ha sido clasificada como "amenazada" por la ICBP y las mejores estimaciones indican que algo cerca de 10.000 aves estaban vivas en el comienzo de los 2000, basado en el recuento de aves invernantes en Honshu y Kyushu, Japón y en China.

A pesar de este tamaño confortantemente moderado, las zonas de reproducción de la grulla monje están casi completamente sin documentación y sólo existen muy pocos registros actuales de reproducción. Durante mucho tiempo se creyó que la especie se reproducía en las cercanías del lago Baikal y las regiones al oeste, pero esto estaba basado en parte en la identificación errónea de un nido encontrado al comienzo del 1900, y en los huevos identificados erróneamente que había sido encontrado en los alrededores de Tomsk. De hecho, no fue sino hasta 1974 que se obtuvo la primera anidación documentada de la grulla monje, en la zona del río Bikin de la cuenca del Ussuri, muy al este de la zona que se sospechaba previamente. Estudios similares en la cuenca Vilyuy de Siberia durante la década de 1970 indicaron que la anidación normal se produce en esa región grande, pero poco estudiada. En ambas áreas se ha encontrado que las aves prefieren hamacas cubiertas de musgo o páramo húmedo en los bosques pantanosos de alerce, a una altura de unos 600 a 2.500 pies. Otras áreas donde las aves han sido observadas durante el verano, como las estepas y los bosques de estepas de Transbaikalia, son aparentemente utilizadas únicamente por las aves no reproductivas. Hasta donde se conoce, casi toda la cría se limita a Rusia. Sin embargo, una pequeña cantidad de hábitat de anidación puede ocurrir en el noreste de China, al sur del rio Amur, donde fue reportado el primer registro de anidación en los 1900.

Incluso en las zonas de reproducción conocidas, las grullas anidan en densidades aparentemente muy bajas. La reproducción probablemente comienza a los cuatro o cinco años, y las parejas permanentes de aves usualmente regresan a sus previos territorios, utilizando frecuentemente el mismo nido de años anteriores. Evidentemente estas densidades están influenciadas por la disponibilidad de los pantanos musgosos del tamaño adecuado, y con adecuados niveles de aislamiento visual y acústico de las otras grullas, así como de la perturbación humana. Ambos padres participan en la incubación, la cual dura entre 27 a 30 dias.

Aunque se sabe poco de los alimentos consumidos durante la temporada de cría, los estudios sobre las aves invernantes sugieren un alto porcentaje de materia vegetal en su dieta, por lo que parece probable que las grullas monje se asemejen mucho a la grullas común en sus necesidades dietéticas generales. De hecho, se han reportado algunos casos de hibridación natural entre grullas monje y grullas comunes, lo que sugiere que se trata de especies muy estrechamente relacionadas que tal vez mantengan su aislamiento reproductivo principalmente por diferencias en las preferencias de hábitat durante la época reproductiva..

Esta es una de las especies de grullas que pueden ser preservados de la extinción sólo por la cooperación de varios países, en particular Rusia, China, Corea y Japón. Ya algunas zonas de invernación importantes de Corea y el este de China, aparentemente, han sido abandonadas, y las zonas de invernación en Japón están muy localizadas. En 1989-1990, unos 7.200 pájaros estaban invernando en Izumi, Japón, y otras 400 se contaron en varias localidades de humedales en China, incluyendo Shengjin (provincia de Anhui), Poyang (provincia de Jiangxi), Longgan (provincia de Hubei), y Dongting (provincia de Hunan).

GRULLA CUELLINEGRA
(Grus nigricollis)

Esta es la menos estudiada de todas las grullas del mundo, y la especie que más raramente se ha mantenido en cautiverio o incluso se ha observado en la naturaleza. De hecho, se ha representado en las colecciones de aves europeas sólo una vez, cuando Jean Delacour trajo algunas aves a Francia a mediados de la década de 1920, pero la reproducción nunca fue lograda. Desde ese entonces, y hasta la década de 1980, la especie ha sido observada sólo por los visitantes del Himalaya, o por aquellos que han visitado algunos de los parques zoológicos de China, donde ha estado en exhibición desde 1960. No fue sino hasta 1985 que los primeros especimenes vivos de la especie fueron llevados dentro de los Estados Unidos, y poco después a Alemania.

Las zonas de reproducción de la grulla cuellinegra están en lo alto del Himalaya, en alturas de alrededor de 13.000 a 15.000 pies, donde los "pantanos" en la tundra se encuentran en los bordes e islas de lagos. En estos lugares existen zonas dominadas por hierbas o juncos que tienen una vida acuática relativamente abundante, y donde existen montículos cubiertos por hierbas en los lagos o lagunas poco profundas, y que sirven como sitios de anidación. Parece que hay pocos mamíferos depredadores presentes en estos ambientes sombríos y de altas elevaciones, y del mismo modo hay pocas aves rapaces de importancia. Por otra parte, los nidos en las islas se construyen fuera del alcance de los seres humanos y la mayoría de los depredadores terrestres.

La biología de la reproducción de esta grulla está todavía poco estudiada, pero las aves construyen sus nidos en la vegetación acuática o en los bordes de los lagos. Los huevos son usualmente puestos en mayo o junio. La incubación es realizada por ambos sexos, y tarda entre 31 a 33 dias, con los machos haciendo usualmente la incubación nocturna. Después de la eclosión, las aves gradualmente se mudan lejos del sitio del nido, hacia mejores áreas de forrajeo. El cambio a volantones ocurre alrededor de los 90 días de edad.

La época de reproducción es bastante corta en estas altas elevaciones, está probablemente confinada en el período comprendido entre finales de mayo y agosto. Es evidente que hay una migración de otoño fuera de la región en octubre, con muchas de las grullas invernando en el sureste, en las regiones de Yunnan-Guizhou, en China o en el sur de Tíbet, con invernación que ocurre también en Bután, donde de 300 a 400 aves se distribuyen en el valle de Phobjikha y algunas previamente en Assam y Vietnam. Durante el invierno las aves se mezclan hasta cierto punto con las grullas comunes, y al parecer tienen requerimientos ecológicos bastante similares a esta especie. Sin embargo, la información limitada sugiere que tienen una mayor preferencia por la búsqueda de alimento en las marismas y otros humedales, y por lo tanto se pueden alimentar en un mayor grado de materiales de origen animal.

Casi toda el área de reproducción de esta especie se limita al Tíbet, y al menos, hasta que la influencia de China se hizo fuerte en la década de 1950, estaban protegidas efectivamente por el tratamiento sagrado que los tibetanos le dan a todos los animales. La situación actual no es clara, pero el gobierno chino está dando a la grulla cuellinegra su nivel más alto de protección oficial, y ha establecido un santuario específicamente para esta especie. También es objeto de estudios biológicos por los chinos, y Bhután ha establecido recientemente dos áreas protegidas en sus zonas invernales.

Se espera que con el tiempo un grupo reproductivo se pueda establecer en América del Norte o Europa. ICF recibió un par de grullas cuellinegra de China en 1985, pero por desgracia una de las aves murió poco después de llegar. Fue sustituida en 1988, y un polluelo fue criado y desarrollado con éxito en 1990. Una pareja en el Zoológico de Beijing había criado previamente con éxito en 1987, esta fue la primera vez que esta especie había sido reproducida en cautiverio, y otra pareja se reprodujo en Vogelpark Walsrode, Alemania, en 1990.

Aunque esta población es considerada de estatus "vulnerable" por el ICBP, con estimaciones poblacionales que van de 500 a un máximo de 10.000 individuos, en la International Crane Fundation, se piensa que tal vez es la tercera especie más rara de las grullas en el mundo. El ICF considera a esta especie como en serio peligro. Se cree que el desarrollo agrícola en los hábitats invernales, el envenenamiento por técnicas agrícolas de China, y la caza en el Tíbet son los factores más importantes que afectan a su supervivencia.

VI. Epílogo

Las poblaciones humanas del mundo se han duplicado desde aproximadamente tres mil millones a siete mil millones en los últimos 50 años más o menos. Mientras tanto, el número de especies de grullas que han sido clasificadas como "en peligro" o "vulnerable" han aumentdo sensiblemente desde 1966, año en que se publicó la primera edición del Libro Rojo de especies de aves raras y en peligro de extinción. El cuadro sinóptico (Tabla 1) de la situación general bastante sombría de las grullas del mundo es presentado aquí como un simple "cuadro temporal", con plena conciencia de que pronto será obsoleto y de interés histórico. Nosotros, los humanos, estamos ahora en un momento crítico en el tiempo, cuando el destino nos obliga a tomar decisiones que afectan no sólo a nuestra propia supervivencia, sino también la de todas las demás criaturas que viven y que comparten actualmente nuestro planeta con nosotros.

Aldo Leopold era muy consciente del papel del tiempo en los acontecimientos de los seres humanos y la naturaleza; su parábola del "buen roble " en *A Sand County Almanac* proporciona un agudo sentido de la historia ecológica de Wisconsin. Sabía también el terrible silencio de un lugar, ahora desierto que una vez dió cobijo y sustento a criaturas salvajes. Como dijo tan elocuentemente, "La tristeza discernible en algunos pantanos surge, tal vez, porque una vez albergaron sus grullas. Ahora están reducidos, y a la deriva en la historia".

Nosotros, los humanos, como especie, también estamos cautivos en la historia. Atrapados en nuestras preocupaciones diarias y patrones repetitivos de existencia, los sonidos de la migración de las grullas o gansos sobre nuestras cabezas a menudo no son escuchados del todo por encima de los ruidos de la ciudad, o, si se escucha, son reconocidos sólo por unos pocos. Del mismo modo, con demasiada frecuencia, no podemos sentir plenamente la lenta marea creciente de nuestras diversas crisis ecológicas, hasta que empezamos a darnos cuenta de que estamos en peligro de perder el control de nuestro propio destino. Desde la influencia sutil pero penetrante de la capa de ozono en los patrones climáticos globales, o de los efectos lejanos de la lluvia ácida, estamos tal vez como esa lamentable rana apócrifa que, sin darse cuenta de que el agua que la rodea se está calentando lentamente, no pudo escaparse antes de que fuera fatalmente hervida viva. En el momento en que la mayoría de los políticos, así como el público en general, estén convencidos de que existe una verdadera crisis ecológica, es muy posible que también sea demasiado tarde para hacer algo para evitarlo.

Desde la última guerra mundial, nosotros, como sociedad norteamericana en general nos hemos preocupado principalmente por los comunistas, la bomba, y la posibilidad de morir repentinamente en un holocausto nuclear. Con el final de la guerra fría, tal vez ahora podamos dirigir nuestra atención a esta zona que esta amenazando mucho más la continuidad de nuestra existencia, la del control de la población, evitar el saqueo al por mayor de los hábitats naturales y salvar al menos una muestra mínima de hábitats y de la biodiversidad del mundo. Esperemos también que una pequeña parte de esa biodiversidad recuperada pudiera estar representada por las grullas. Si tuviera que elegir entre no oír un coro angelical o nunca volver a oír las grullas salvajes, yo sin duda elegiria seguir escuchando a las grullas. A menudo me he hecho la pregunta de si el coro de ángeles que fueron "escuchados en lo alto" por encima de Belén no fueron realmente grullas comunes migrando, al menos este es un pensamiento placentero a considerar.

Un resúmen de las grullas del mundo y su estatus

Especies y Subespecies	Aproximada Población Mundial[1]	Areas Reproductivas y Tendencia[2]	Estatus de la poblacion
Grulla coronada negra			
Raza W. África	11-17.000	Gambia a Chad	En peligro, declinando
Raza Sudán	~ 43-53.000	Sudán a Kenia	Vulnerable, incierta
Grulla coronada gris			
Raza S. África	~ 8-12.000	Sur de África	En peligro, declinando
Raza E. África	~ 50-60.000	Kenia a Malawi	Vulnerable, declinando
Grulla siberiana	~ 3.500	Central y E. Rusia	En peligro
Grulla carunculada	7.000-8.000	Botswana, Zambia	Vulnerable, declinando
Grulla del paraiso	23-26.000	Sudáfrica	Vulnerable
Grulla damisela	~ 200-300.000	Asia Menor	En riesgo, aumentando
Grulla australiana	~ 40-50.000	Australia	Menor Riesgo, estable
Grulla sarus			
Raza india	~ 8-10.000	India y Nepal	En peligro, declinando
Raza este	~1.000	Indochina	En peligro
Raza australiana	~ 5.000	Norte de Australia	Incierta
Grulla cuelliblanca	~ 7.000-8.000	Noreste de China	Vulnerable, aumentando
Grulla blanca[3]		Norte América	En peligro
Great Plains	~ 270	Canada, Texas	Aumentando
Este de los EE.UU.	104	Wisconsin-Florida	Aumentando
Florida (residente)	19	Florida	Disminuyendo
Lousiana	25	S. W. Louisiana	Incierta
Cautiverio	162		Desconocido
Grulla gris[4]			
Raza menor	~ 450.000	Siberia, Norteamérica	Menor Riesgo (decreciente?)
Raza mayor	~ 65-75.000	Norte EE.UU.	Bajo Riesgo (menor a mayor)
Raza Florida	~ 4.000	Florida	Bajo Riesgo (estable)
Raza Mississippi	~130	Mississippi	En peligro crítico
Raza cubana	650	Cuba	En peligro crítico
Grulla de Manchuria	2.500-2.700	China, Japón, Rusia	En peligro
Grulla común	220-250.000	Eurasia	Menor riesgo, aumentando
Grulla monje	~ 11.500	Asia Oriental	Vulnerable, estable
Grulla cuellinegro	~ 11.000	Meseta Tibetana	Vulnerable, aumentando

1. Estimaciones (desde ~ 2004-2005) se basaron en gran parte en Von Treuenfels (2006) y (para África) Beilfuss, Dodman y Urbano (2007), a excepción de las especies de América del Norte.
2. Estatus de las estimaciones basadas principalmente en Meine y Archibald (1996), las tendencias basadas en gran parte en Ellis, Gee & Mirande (1996).
3. Cifras de población a principios de 2012.
4. Estimaciones de población a partir de 2012, la población raza inferior incluye la raza canadiense *rowani.*

VII. Referencias

La siguiente lista de más de 200 referencias puede servir como una introducción a la gran literatura especializada y semi-técnica de las grullas. Además, la organización sin fines de lucro Fundación Internacional de la Grulla (International Crane Foundation, ICF) de Baraboo Wisconsin, publica un boletín trimestral de divulgación popular y bellamente ilustrado para sus miembros, titulado The Bugle ICF. Su biblioteca es muy amplia, con privilegios de préstamo para los miembros. El ICF ha ayudado a patrocinar y publicar las actas de varios talleres sobre investigación de la grulla en todo el mundo, ha jugado un papel importante en el desarrollo de técnicas de avicultura para la cría de grullas raras en cautiverio, y ha promovido la conservación de todas las especies de grullas en todo el mundo (véase Harrison, 1978). Información sobre la participación en el ICF y sus actividades se puede obtener de la Fundación Internacional de la grulla, E - 11376 Shady Lane Road, Baraboo, WI 53913. Asimismo, el Grupo de Trabajo sobre la Grulla Norteamericana (the North American Crane Working Group, NACWG) publica información a sus miembros sobre las noticias y la investigación relacionada con las grullas de América del Norte, y patrocina las publicaciones de las actas de los talleres convocados periódicamente por el Grupo de Trabajo sobre Grulla Norteamericana.

Bibliografías de las Grullas

International Crane Foundation. 2005. *Comprehensive Crane Bibliography*. URL: https://www.savingcranes.org/comprehensive-crane-bibliography.html. (Bibliografía via internet, organizada por temas y especies, con más de 4.000 referencias hasta el 2005, incluyendo cerca de 300 de la grulla blanca y más de 500 referencias de la grulla gris. Muchos documentos de la biblioteca de la Fundación Internacional de la Grulla también se pueden acceder a través de esta página web).

Reeves, H. R. 1975. *A Contribution to an Annotated Bibliography of North American Cranes, Rails, Woodcock, Snipe, Doves and Pigeons*. Washington, D.C.: U.S. Fish and Wildlife Service. (Distributed by National Technical Information Service, U. S. Dept. of Commerce; ref. code PB-240 999. (Estudio de la literatura a través de 1971, con cerca de 600 referencias de grullas)

Walkinshaw, L. H. 1981. Cranes of the world: a partial bibliography. Pp. 24–45, *in* Lewis and Masatomi, *Crane Research Around the World*. Baraboo, Wisconsin: International Crane Foundation. (Proceedings of International Crane Symposium, Sapporo, Japan, 1980.) (Más de 900 referencias adicionales además de 1.500 citas previstas en las Grullas del Mundo de Walkinshaw.)

Taxonomía y genética de las Grullas (Familia Gruidae)

Archibald, G. W. 1975. The unison call of cranes as a useful taxonomic tool. Ph.D. dissertation, Cornell University, Ithaca, NY. (Breves registros técnicos y pinturas de todas las especies existentes y subespecies de grullas del mundo. Véase también Meine y Archibald, 1996.)

Archibald, G. W., and C. D. Meine. 1996. Family Gruidae. pp. 60–89, *in* J. del Hoyo, A. Elliott and J. Sargatal (eds.), *Handbook of the Birds of the World, Vol. 3. Hoatzins to Auks*. Barcelona: Lynx Editions. (Breves registros técnicos y pinturas de todas las especies existentes y subespecies de grullas del mundo. Véase también Meine y Archibald, 1996.)

Glenn, T. C., J. E. Thompson, B. M. Ballard, J. A. Robertson, and J. O. French. 2002. Mitochondrial DNA variation among wintering midcontinent Gulf Coast sandhill cranes. *Journal of Wildlife Management* 66:339–348.

Johnson, D. H., J. E. Austin, and J. A. Shaffer. 2005. A fresh look at the taxonomy of midcontinental sandhill cranes. Pp. 37–45, *in* F. Chaves-Ramirez (ed.), *Proceedings of the Ninth National Crane Workshop*, North American Crane Working Group. Sacramento, California. (Las tres subespecies son morfológicamente distintas, aunque hay solapamiento en algunas características).

Jones, K. L. 2003. Genetic variation and structure in cranes: a comparison among species. Ph.D. dissertation, University of Illinois, Chicago, IL. (Basado en los datos mitocondriales, el reconocimiento de *G. c. rowani* es cuestionable).

Jones, K. L., G. L. Krapu, D. A. Brandt, and M. V. Ashely. 2005. Population genetic structure in migratory sandhill cranes and the role of Pleistocene glaciations. *Molecular Ecology* 14:2645–2657.

Karjewski, C. 1988. Phylogenetic relationships among cranes (Aves: Gruiformes) based on DNA hybridization. *American Zoologist* 28: 172A. (Abstract.)

Krajewski, C., and J. W. Fetzner. 1994. Phylogeny of cranes (Gruiformes: Gruidae) based on cytochrome-b DNA sequences. *Auk* 111:351–365. (La grulla gris y grulla siberiana representan ramas geneticas aisladas dentro del *Grus*. La grulla blanca es parte del un grupocentral Grus, que incluye lase species G. gus, *G. grus, G. monachus, G. japonensis* and *G. nigricollis).*

Peterson, J. L., R. Bischof, G. L. Krapu, and A. L. Szalanski. 2003. Genetic variation in the mid-continent population of sandhill cranes, *Grus canadensis. Biochemical Genetics* 41:1–12.

Rhymer, J. M., M. G. Fain, J. E. Austin, and C. Krajewski. 2001. Mitochondrial phylogeography, subspecific taxonomy, and conservation genetics of sandhill cranes (*Grus canadensis*; Aves, Gruidae). *Conservation Genetics* 2:203–218. (Reconocimiento taxonómico de *G. c. rowani* es cuestionable, a juzgar por los datos mitocondriales)

Publicaciones de los Talleres del North American Crane Working Group.

Chavez-Ramirez, F. (ed.). 2005. *Proceedings of the Ninth North American Crane Workshop,* North American Crane Working Group. Sacramento, California. 157 pp.

Ellis, D. H. (ed.), 2001. *Proceedings of the Eighth North American Crane Workshop,* Albuquerque NM. Seattle, WA: North American Crane Working Group. (http://www.savingcranes.org/proceedings-of-the-eighth-north-american-crane-workshop.html)

Folk, M. J. and S. A. Nesbett, 2008. *Proceedings of the Tenth North American Crane Workshop,* North American Crane Working Group. Gambier, Ohio. 178 pp.

Lewis, J. C. (ed.). 1976. *Proceedings of the 1973 International Crane Workshop,* Baraboo, Wisconsin. Stillwater: Oklahoma State University Publishing & Printing Dept.

Lewis, J. C. (ed.). 1979. *Proceedings of the 1978 Crane Workshop*, Rockport, Texas. Fort Collins: Colorado State University Printing Service.

Lewis, J. C. (ed.). 1982. *Proceedings of the 1981 Crane Workshop.* Tavernier, Florida: National Audubon Society.

Lewis, J. C. (ed.). 1987. *Proceedings of the 1985 Crane Workshop.* Grand Island, Nebraska: Platte River Whooping Crane Habitat Maintenance Trust and U.S. Fish and Wildlife Service.

Stahlecker, D. W., and R. P. Urbanek (eds.). 1992. *Proceedings of the Sixth North American Crane Workshop, Regina, SK.* Grand Island, NE: North American Crane Working Group. 179 pp. (https://www.savingcranes.org/proceedings-of-the-sixth-north-american-crane-workshop-1992.html)

Urbanek, R. P. and D. W. Stahlecker (eds.). 1997. *Proceedings of the Seventh North American Crane Workshop, Biloxi, Mississippi.* Grand Island, NE: North American Crane Working Group. 262 pp.

Wood, D. A. (ed.). 1992. *Proceedings of the 1988 North American Crane Workshop, River Ranch Outdoor Resort, Lake Wales, Florida.* Tallahassee: Florida Game and Fresh Water Fish Commission, Nongame Wildlife Program Technical Report #12. 305 pp.

Referencias Generales y de Múltiples Especies

Ackerman. J. 2004. "No mere bird." Cranes. *National Geographic* 205(4):39–55.

Bent, A. C. 1926. Life histories of North American marsh birds. U.S. National Museum Bulletin 135:1–490.

Drewien, R. C., and l. C. Lewis. 1987. Status and distribution of cranes of North America. Pp. 469–477 *in* G. W.Archibald and R. F. Pasquier, (eds.), *Proceedings of the 1983 International Crane Workshop*, Bharatpur, India. Baraboo, WI: International Crane Foundation.

Ellis, D. H., G. F. Gee, and C. M. Mirande (eds.). 1996. *Cranes: Their Biology, Husbandry and Conservation.* Washington, DC: National Biological Service, and Baraboo, WI: International Crane Foundation. (Una revisión de todas las especies de grullas del mundo, con un énfasis en la cría en cautiverio y la conservación.)

Harris, J. T. 2008. Cranes respond to climate change. *The ICF Bugle* 34(3):1–3, 14–15.

Harrison, G. H. 1978. Crane saviors of Baraboo. *Audubon* 80(3):25–30. (Trabajo de la Fundación Internacional de la Grulla.)

Hughes, J. 2008. *Cranes: A Natural History of a Bird in Crisis*. Firefly Books, Tonawanda, NY. (Un registro fotográfico muy rico de las grullas del mundo con énfasis en la grulla blanca).

International Union for Conservation of Nature and Natural Resources (IUCN). 1994. *IUCN Red List Categories*. Gland, Switzerland: IUCN. 21 pp.

Johnsgard, P. A. 1979. *Birds of the Great Plains: Breeding Species and their Distribution*. Lincoln, NE: University of Nebraska Press. 538 pp.

Johnsgard, P. A. 1991. *Crane Music: A Natural History of American Cranes*. Washington, D.C.: Smithsonian Institution Press. 136 pp.

Johnsgard, P. A. 2003. *Great Wildlife of the Great Plains*. Lawrence, KS: University Press of Kansas. 308 pp.

Johnsgard, P. A. 2011. *The Sandhill and Whooping Cranes: Ancient Voices over the America's Wetlands*. Lincoln, NE: University of Nebraska Press, 155 pp.

Johnsgard, P, A. 2012. *Wings over the Great Plains: Thee Central Flyway*. Zea E-Books & University of Nebraska Digital Commons. http://digitalcommons.unl.edu/zeabook/13/. 249 pp. printed/ http://lulu.com/spotlight/unllib/

King, W. B. (ed.). 1981. *Endangered Birds of the World*. The ICBP Bird Red Data Book. Washington, D.C.: Smithsonian Institution Press and International Council for Bird Preservation. (Incluye grulla blanca, grulla gris del Mississippi, grulla cubana, grulla japonesa, siberiana, monje, cuelliblanco, cuellinegra).

McMillen, J. L. 1988. Conservation of North American cranes. *American Birds* 42:1212–1221.

Meine, C. D., and G. W. Archibald (eds.). 1996. *The Cranes: Status Survey and Action Plan*. Gland, Switzerland, and Cambridge, UK: International Union for Conservation of Nature and Natural Resources. (Un estudio exhaustivo de la distribución y el estatus de todas las especies de grullas, con cerca de 900 referencias.)

Price, A. L. 2001. *Cranes; The Noblest Flyers, in Natural History and Cultural Lore*. Albuquerque, NM: La Alameda Press. (Un relato popular del folclore de la grulla y de los esfuerzos recientes de conservación de la grulla gris y la grulla blanca).

Sherwood, G. 1971. If it's big and flies-shoot it. *Audubon Magazine* 73 (Nov.):72–99.

Schoff, G. 2007. *Reflections: The Story of Cranes*. Baraboo, WI: International Crane Foundation. (Un breve repaso ilustrado de las grullas del mundo y el trabajo de la Fundación Internacional de la Grulla.)

U. S. Fish and Wildlife Service. 1986. *Endangered and Threatened Wildlife and Plants, January 1. 1986.* Washington, D. C.: Government Printing Office.

Grullas y el Valle del Río Platte de Nebraska

Breckenridge, W. J. 1945. Nebraska crane flight. *Flicker* 17:79–81.

Brown, C. R., and M. B. Brown, 2001. Birds of the Cedar Point Biological Station. *Occasional Papers, Cedar Point Biological Station,* Lincoln, NE, 36 pp.

Brown, M. B., and P. A. Johnsgard. *Birds of the Central Platte Valley, Nebraska.* 2013. NE: Zea E-Books & University of Nebraska Digital Commons. http://digitalcommons.unl.edu/zeabook/17/. 182 pp. Print edition: http://lulu.com/spotlight/unllib/

Colt, C. J. 1996. Breeding bird use of riparian forests along the central Platte River: A spacial analysis. M.S. thesis, University of Nebraska–Lincoln, Lincoln, NE. 104 pp.

Cunningham, D. 1983. River portraits: The Platte. *Nebraskaland* 63(1):29–30.

Currier, P. J., G. R. Lingle, and J. G. Van Derwalker. 1985. *Migratory Bird Habitat on the Platte and North Platte Rivers in Nebraska.* Grand Island, NE: Whooping Crane Habitat Maintenance Trust. 177 pp.

Dahl, T. E. 1990. Wetlands – Losses in the United States 1780's to 1980's. Washington, D.C. : U.S. Dept. of Interior, Fish & Wildlife Service. 21 pp.

Davis, C. A 2005a. Breeding bird communities in riparian forests along the central Platte River, Nebraska. *Great Plains Research* 15:199–211.

Davis, C. A. 2005b. Breeding and migration bird use of a riparian woodland along the Platte River in central Nebraska. *North American Bird Bander*, July–Sept., 2005, pp. 109–114.

Faanes, C. E., and G. R. Lingle. 1995. Breeding birds of the Platte Valley of Nebraska. Northern Prairie Wildlife Research Center Home Page, Jamestown, ND. URL: http://www.npwrc.usgs.gov/resources/distr/birds/platte/platte (version 16JUL97).

Farrar, Jon. 1985. Partners on the Platte. *Nature Conservancy News* 35:13–18.

Farrar, Jon. 1989. Lillian Annette Rowe Sanctuary: Way-station on the Platte. *Nebraskaland* 67(2):18–34.

Grier, R. 2009. Cranes on the North Platte. *Nebraskaland* 87(2):42–45.

Gruchow, P. 1989. The ancient faith of cranes. *Audubon Magazine* 91(3):40–54.

Jenkins, A. (ed.) 1993. *The Platte River: An Atlas of the Big Bend Region*. Kearney, NE: University of Nebraska–Kearney. 194 pp.

Johnsgard, P. A. 1983. The Platte: A river of birds. *Nature Conservancy News* 33:6–10.

Johnsgard, P. A. 1984. *The Platte: Channels in Time*. Lincoln: University of Nebraska Press.

Johnsgard, P. A. 2001. *The Nature of Nebraska: Ecology and Biodiversity. 2001*. University of Nebraska Press, Lincoln. (La ecología de las principales ecorregiones de Nebraska, incluyendo el Valle del Platte y su fauna asociada.)

Johnsgard, P. A. 2002. Nebraska's sandhill crane populations, past, present and future. *Nebraska Bird Review* 70:175–177. (Poblaciones históricas y recientes de la grulla Centro-Continental, y las probables tendencias futuras.)

Johnsgard, P. A. 2003. Great gathering on the Great Plains. *National Wildlife* 41(3):20–29. (Grulla gris y grulla blanca en el Valle del Platte.)

Johnsgard, P. A. 2007. The Platte: River of dust or river of dreams? *Prairie Fire* 1(5): 12–13, 17–19. (La historia del consumo de agua y las prioridades de uso del agua en el Valle de Platte.)

Johnsgard, P. A. 2012a. *Nebraska's Wetlands: Their Wildlife and Ecology*. Lincoln, NE: Conservation and Survey Division, Inst. of Agriculture & Natural Resources, University of Nebraska–Lincoln. *Water Survey Paper No. 78*. 202 pp.

Johnsgard, P. A, 2012b. Nebraska's magical sandhill crane migration. *Prairie Fire*, February, 2012, pp. 1, 3, 4, 5. http://prairiefirenewspaper.com/2012/02/nebraskas-magical-sandhill-crane-migration

Johnsgard, P. A. 2013. *The Birds of Nebraska*. Revised edition 2013. Zea E–Books & University of Nebraska Digital Commons, http://digitalcommons.unl.edu/zeabook/17/. Print edition: http://lulu.com/spotlight/unllib/

Johnsgard, P. A., and K. Gil-Weir. 2011. Sandhill cranes: Nebraska's avian ambassadors at large. *Prairie Fire*, March. Pp. 14, 15, 20. http://www.prairiefirenewspaper.com/2011/02/sandhill-cranes-our-avian- ambassadors-at-large (Tendencias poblacionales recientes en el Valle del Platte en la región de pernocta de primavera.)

Johnson, W. C. 1961. Woodland expansion in the Platte River, Nebraska: Patterns and causes. *Ecol. Monogr.* 64:45-84.

Jorgensen. J. G. 2004. An overview of the shorebird migration in the eastern Rainwater Basin, Nebraska. Nebraska Ornithologists' Union Occasional Paper No. 8. 68 pp.

Kinzel, P. J., J. M. Nelson, R. S. Parker and L. R. Davis. 2006. Spring census of mid-continent sandhill cranes using aerial videography. *Journal of Wildlife Management* 70:70-77.

Klataske, R. 1972. Wings across the Platte. *National Wildlife* 10(5): 44–47.

Krapu, G. (ed.). l981. *The Platte River Ecology Study*: Special Research Report, Northern Prairie Wildlife Research Station, U.S. Fish & Wildlife Service, Jamestown, ND. 186 pp.

Krapu, G. L. 2001. Satellite telemetry: A powerful new tool for studying sandhill cranes. *The Braided River* 14:1–5. (Resultados de la radiotelemetría via satélite, de las migraciones hacia el norte de grullas grises marcadas en el Valle de Platte.)

Krapu, G. L. 2005. Satellite telemetry provides a revealing look at the phantom of the plains. *The Braided River* 21:6–9. (Un resumen actualizado de la información de migración de la grulla gris (sandhill) basado en datos de telemetría.)

Krapu, G. L., D. A. Brandt, and R. R. Cox, Jr. 2005. Do arctic-nesting geese compete with sandhill cranes for waste corn in the central Platte Valley, Nebraska? Pp. 185–191, *in* F. Chavez-Ramirez (ed.), *Proceedings of the Ninth National Crane Workshop,* North American Crane Working Group. Sacramento, California. (Gansos, en su migración, llegan antes que las grullas y comen principalmente residuos de maíz, privando a las grullas de su base principal de alimento en Nebraska.)

Krapu, G. L., D. A. Brandt, D. A. Buhl, and G. W. Lingle. 2005. Evidence of a decline in fat storage in mid-continent sandhill cranes in Nebraska during spring: A preliminary assessment. Pp. 179–184, *in* F. Chavez-Ramirez (ed.), *Proceedings of the Ninth National Crane Workshop,* North American Crane Working Group. Sacramento, California.

Krapu, G., K. J. Reiecke, D. G. Jorde, and S. G. Simpson. 1995. Spring staging ecology of mid-continent greater white-fronted geese. *J. Wildl. Mgmt.* 59:736–746.

LaGrange, T. 2005. *Guide to Nebraska's Wetlands and their Conservation Needs.* Lincoln, NE: Nebraska Game & Parks Commission. 2nd. ed.

Line, L. 2007. New dawn for a prairie river. *National Wildlife,* Oct.–Nov., 2007, pp. 22–29.

Madson, J. 1974. Day of the crane. *Audubon* 74(2):46-63.

Mollhoff, W. J. 2000. *The Nebraska Breeding Bird Atlas*. Lincoln, NE: Nebraska Game & Parks Commission.

Nagel, H. G., K. Geisler, J. Cochran, J. Fallesen, B. Hadenfelt, J. Mathews, J. Nickel, S. Stec, and A. Walters. 1980. Platte River island succession. *Trans. Nebraska Acad. Sci.* 8:77–90.

Pearse, A. T., R. Bischoff, D. A. Brandt, and P. J. Kinzel. 2010. Changes in agriculture and abundance of snow geese affect carrying capacity of sandhill cranes in Nebraska. *Journal of Wildlife Management* 74:479–488.

Safina, C., L. Rosenbluth, C. Pustmueller, K. Strom, R. Klataske, M. Lee, and J. Beyea. 1989. Threats to wildlife and the Platte River. Environmental Policy Analysis Department Report no. 33. New York: National Audubon Society.

Sharpe, R, W., R. Silcock, and J. G. Jorgensen. 2001. *The Birds of Nebraska, Their Distribution and Temporal Occurrence*, University of Nebraska Press, Lincoln.

Shoemaker, T. G. 1988. Wildlife and water projects on the Platte River. *In* W. J. Chandler (ed.), Audubon Wildlife Report 1988/1989, pp. 285-334. San Diego, CA: Harcourt, Brace, Jovanovich.

Sidle, J. G. 1989. A prairie river roost. *Living Bird Quarterly* 8(2):8–13.

Smith, C. 2007. The Platte River Recovery Implementation Program: Adaptive management and collaboration on the Platte. *Prairie Fire* 1(6): 12–14. (Describe el programa de restauración del hábitat resultante del Acuerdo de Cooperación del río Platte, entre los estados de Nebraska, Wyoming y Colorado.)

U. S. Fish and Wildlife Service. 1981. *The Platte River Ecology Study: Special Research Report*. Washington, D. C.: U. S. Dept. of Interior.

Van der Valk, A. (ed.). 1989. *Northern Prairie Wetlands*. Ames, IA: Iowa State University Press. 400 pp.

Vogt, W. 1978. Now, the river is dying. *National Wildlife* 16(4):4–11. (Platte River.)

Grulla Gris

Aikens, R. 2009. The Southwest's triple crown of wintering cranes. *Arizona Wildlife Views* 52(1):12–16.

Aldrich, J. W. 1979. Status of the Canadian sandhill crane. Pp. 139–14, *in* J. C. Lewis (ed.), *Proceedings 1978 Crane Workshop,* Rockport, Texas. Fort Collins: Colorado State University Printing Service.

Ball, J., T. E. Austin, and A. Henry. 2003. Populations and nesting ecology of sandhill cranes at Grays Lake, Idaho, 1997–2000. Missoula, MT: U.S. Geological Survey, Cooperative Wildlife Research Unit.

Ball, J., T. E. Austin, and A. Henry. 2003. Populations and nesting ecology of sandhill cranes at Grays Lake, Idaho, 1997–2000. Missoula, MT: U.S. Geological Survey, Cooperative Wildlife Research Unit.

Ballard, B. M., and J. E. Thompson. 2000. Winter diets of sandhill cranes from central and coastal Texas. *Wilson Bulletin* 112:2-38.

Boise, C. M. 1977. Breeding biology of the lesser sandhill crane *(Grus canadensis canadensis* L.) on the Yukon–Kuskokwim Delta, Alaska. M. S. thesis, University of Alaska, College

Canterbury, J. R., P. A. Johnsgard, and H. Downing. *Birds and Birding in the Bighorn Mountains Region of Wyoming*. 2013, Zea E-Books & Univ. of Nebraska Digital Commons. 260 pp. http://digitalcommons.unl.edu/zeabook/18/. Print edition: http://lulu.com/spotlight/unllib.

Central Migratory Shore and Upland Game Bird Technical Committee. 1993. Management guidelines for mid-continent sandhill cranes. Report prepared for the Central Flyway Waterfowl Council. Golden, CO: Pacific Flyway Waterfowl Council, U.S. Fish and Wildlife Service.

Conant, B., J. King, and H. Hansen. 1985. Sandhill cranes in Alaska: a population survey: 1957–1985. *American Birds* 39:855–858.

Drewien, R. C. 1973. Ecology of Rocky Mountain greater sandhill cranes. Ph.D. dissertation, University of Idaho, Moscow, ID.

Drewien, R, W. M. Brown, and W. L. Kendall. 1995. Recruitment in Rocky Mountain greater sandhill cranes and comparison with other crane populations. *Journal of Wildlife Management* 59:339–356. (Esta raza tuvo una tasa estimada de reclutamiento de otoño del 8,1 %, en comparación con 24.5 % para otras razas de grulla y el 13,9 % para la grulla blanca. Estimados sumarizados para la grulla gris centro -continental varió desde 4,8 hasta 21,3 %, promediando 9.8 %. Las tasas de supervivencia anual de adultos para algunas poblaciones no cazadas de grullas en América del Norte van desde aproximadamente 85 a 90 %.)

Drewien, R. W. M. Brown, and D. S. Benning. 1996. Distribution and abundance of sandhill cranes in Mexico. *Journal of Wildlife Management* 60(2):270–285. (Más de 50.000 grullas fueron contadas en humedales de Chihuahua y Durango.)

Forsberg, M. 2004. *On Ancient Wings: The Sandhill Cranes of North America*~Lincoln, NE: Michael Forsberg Photography. (Las observaciones de campo y fotografías en color de todas las cinco subespecies de grulla gris.)

Grooms, G. 1991. *Cry of the Sandhill Crane*. Minaqua, WI: North Word Press.

Happ, C. Y., and G. M. Happ. 2011. Sandhill crane display dictionary: What cranes say with their body language. Waterford Press: A Pocket Naturalist Guide. (Colecciones abatibles de fotos a color que muestran muchos aspectos del comportamiento social de la grulla.)

Iverson, G. C., P. A. Vohs, and T. C. Tacha. 1985. Distribution and abundance of sandhill cranes wintering in western Texas. *Journal of Wildlife Management* 49:250–255. (La mayoría de las grullas utilizan unas 20 playas de lagos altamente salinas cerca de Lubbock.)

Ivey, G. L., C. P. Herzinger, and T. J. Hoffmann. 2005. Annual movements of Pacific Coast sandhill cranes. Pp. 25–35, *in* F. Chavez-Ramirez (ed.), *Proceedings of the Ninth National Crane Workshop,* North American Crane Working Group. Sacramento, California.

Johnsgard, Paul A. 1981. *Those of the Gray Wind: The Sandhill Cranes.* New York: St. Martin's Press. Reprinted by University of Nebraska Press, Lincoln, 1986. (Historia de vida de la grulla menor.)

Johnsgard, Paul A. 1982. *Teton Wildlife: Observations by a Naturalist.* Boulder: Colorado University Press. (Biología reproductiva de la Grulla mayor.)

Johnsgard, Paul A. 2009. *Birds of the Rocky Mountains with Particular Reference to National Parks in the Northern Rocky Mountain Region* Revised ed, with a 2009 Literature Supplement. 2009. 504 pp. http://digitalcommons.unl.edu/bioscibirdsrockymtns/1

Kessel, B.. 1984. Migration of sandhill cranes, *Grus canadensis,* in east-central Alaska, with routes through Alaska and western Canada. *Canadian Field-Naturalist* 98:279–292.

Krapu, G. L. 1987a. Sandhill recovery. *Birder's World* 1(1):4–8. (Tendencias del crecimiento de la población de grullas.)

Krapu, G. L. 1987b. Use of staging areas by sandhill cranes in the midcontinent region of North America Pp. 451–462, *in* G. W. Archibald and R. F. Pasquier (eds.), *Proceedings of the 1983 International Crane Workshop*, Bharatpur, India. Baraboo, Wisconsin: International Crane Foundation.

Krapu, G. L., and D. A. Brandt. 2008. Spring migratory habits and breeding distribution of lesser sandhill cranes that winter in west-central New Mexico and Arizona. Pp. 43–49, *in* M. J. Folk and S. A. Nesbitt (eds.). *Proceedings of the Tenth North American*

Crane Workshop, North American Crane Working Group. Gambier, Ohio. 178 pp.

Krapu, G. L., D. A. Brandt, K, L, Jones, and D. H. Johnson. 2011. Geographic distribution of the mid-continent population of sandhill cranes and related management applications. *Wildlife Monographs* 175:1–38. (Un análisis importante de la composición social y racial de las bandadas de grullas del centro del continente , incluyendo su invernación, distribuciones migratorias y de reproducción.)

Lewis, J. C. 1974. Ecology of sandhill cranes in the southeastern central flyway. Ph.D. dissertation, Oklahoma State University, Stillwater, OK.

Lewis, J. C. 1977. Sandhill crane. Pp. 5–43, *in* G. C. Sanderson (ed.), *Management of Migratory Shore and Upland Game Birds of North America.* Washington, D.C. International Association of Fish and Wildlife Agencies.

Martin, E. M. 2006. Sandhill crane harvest and hunter activity in the Central Flyway during the 2005–2006 hunting season. http://migratorybirds.fws.gov.

Nesbitt, S. 1992. First reproductive success and individual productivity in Florida sandhill cranes. *Journal of Wildlife Management* 56:573-577. (La edad modal para la reproducción inicial en grullas de Florida fue cinco años para la raza de la Florida y cuatro años para el mayor. Ambas subespecies promediaron 0,35 pichones por pareja por año, y el éxito reproductivo de vida esperado para las aves que alcanzan la madurez sexual fue de 1,86.

Nesbitt, S. 1997. Florida sandhill crane *(Grus canadensis pratensis),* Family Gruidae, Order Gruiformes. pp. 219–229, *in* J. A. Rogers, H. Kale, and H. Smith (eds.), *Rare and Endangered Biota of Florida.* Vol. 5 (Birds). Gainesville, FL: University Press of Florida. (Un estudio exhaustivo sobre la biología de esta subespecie no migratoria.)

Nesbitt, S., M. J. Folk, K. A. Sullivan, S. T. Schwikert, and M. G. Spalding. 2001. An update of the Florida whooping crane release project through June 2000. pp. 62–72, *in* D. H. Ellis (ed.), *Proceedings of the Eighth National Crane Workshop,* Albuquerque NM. Seattle, WA: North American Crane Working Group. (Mortalidad del primer año en promedio de 50%, siendo los linces y los caimanes los grandes depredadores.)

Nesbitt, S., M. J. Folk, S. T. Schwikert, and J. A. Schmidt. 2001. Aspects of reproduction and pair bonds in Florida sandhill cranes. Pp. 31–35, *in* D. Ellis (ed.), *Proceedings of the Eighth National Crane Workshop,* Albuquerque NM. Seattle, WA: North American Crane Working Group.

Nesbitt, S. A., and A. S. Wenner. 1987. Pair formation and mate fidelity in sandhill cranes. In Lewis, 1987, pp. 117–122.

Nesbitt, S. A., A. S. Wenner, and J. H. Hintermister, 1987. Progress of sandhill crane studies in Florida. Pp. 411–414, *in* G. W. Archibald and R. F. Pasquier (eds.), *Proceedings of the 1983 International Crane Workshop*, Bharatpur, India. Baraboo, Wisconsin: International Crane Foundation.

Nesbitt, S. A., and K. S. Williams. 1990. Home range and habitat use of Florida sandhill cranes. *Journal of Wildlife Management* 54:92–96. (Grullas adultas territoriales tienen, en promedio, áreas de distribución de 447 hectáreas, o cerca de 1.100 acres, que eran más pequeños durante la temporada de anidación.)

Petrula, M. J., and T. C. Rothe. 2005. Migration chronology, routes, and distribution of Pacific flyway population lesser sandhill cranes. Pp. 53–67, *in* F. Chavez-Ramirez (ed.), *Proceedings of the Ninth National Crane Workshop,* North American Crane Working Group. Sacramento, California.

Pittman, C. 2003. Making whoopee. *Smithsonian* 33(10):92–95. (Describe la primera reproducción exitosa de las grullas blancas reintroducidas en la Florida.)

Reed, J. R. 1988. Arctic adaptations in the breeding biology of sandhill cranes, *Grus canadensis,* on Banks Island, Northwest Territories. *Canadian Field-Naturalist* 102:643–648.

Safina, C. 1993. Population trends, habitat utilization, and outlook for the future of sandhill cranes in North America: A review and synthesis. *Bird Populations* 1:1–27.

Schlorff, R. W., 2005. Greater sandhill crane: Research and management in California since 1978. Pp. 155–165, *in* F. Chavez-Ramirez (ed.), *Proceedings of the Ninth National Crane Workshop,* North American Crane Working Group. Sacramento, California

Sharp, D. E. 1995. Status and harvests of sandhill cranes. Mid-continent and Rocky Mountain populations. Unpublished report, Office of Migratory Bird Management, U.S. Fish & Wildlife Service, Golden, CO.

Sharp, D. E., and W. O. Vogel. 1992. Population status, hunting regulations, hunting activities, and harvest of mid-continental sandhill cranes. Pp. 24–32, *in* D. W. Stahlecker (ed.), *Proceedings of the Sixth North American Crane Workshop,* Regina, AK. Grand Island, NE: North American Crane Working Group. (Mid-continent hunter-kill data for 1975-1990. For online version https://www.savingcranes.org/proceedings-of-the-sixth-north-american-crane-workshop-1992.html.

Sharp. D. E., J. D. Dubovsky, and K. L. Kruse. 2003. Status and harvests of the midcontinent and Rocky Mountain populations of sandhill cranes. Denver, CO: Administrative report, U. S. Fish and Wildlife Service. 9 pp. http://migratorybirds.fws.gov. (Exclusiva de México, Canadá y Alaska), y una población de grullas en 2003 en el Platte Valley de alrededor de 376.000 aves. Véase también Martin (2006) para datos más recientes.)

Tacha, T. C., P. A. Vohs, and W. D. Ward 1985. Morphometric variation of sandhill cranes from mid-continent North America *Journal of Wildlife Management* 49:246–250.

Tacha, T. C., S. A. Nesbitt, and P. A. Vohs. 1992. Sandhill crane. *The Birds of North America No. 31*. Philadelphia, PA: The Academy of Natural Sciences, and Washington, DC: The American Ornithologists' Union. 24 pp. (Un reporte técnico de la especie, con cerca de 130 referencias.)

Tacha, T. C., S. A. Nesbitt, and P. A. Vohs. 1994. Sandhill crane. Pp. 76–94 *in* T. C. Tacha and C. E. Braun (eds.), *Migratory Shore and Upland Game Bird Management in North America*. Washington, DC: International Association of Fish and Wildlife Agencies.

Walkinshaw, L. H. 1949. *The Sandhill Cranes*. Bull. No. 29. Cranbrook Institute of Sci., Bloomfield Hills, MI.

Walkinshaw, L. H. 1965, A new sandhill crane from central Canada. *Canadian Field-Naturalist* 79:181–184.

Walkinshaw, L. H. 1986. *The Sandhill Crane and I*. Ann Arbor, MI: University Microfilms, no. LD01109. (Historia de la grulla en Michigan.)

Walkinshaw, L. H. 1987. *Nesting of the Florida and Cuban Sandhill Cranes*. Ann Arbor: University Microfilms, no. LD01165. 378 pp.

Windingstad, R. M. 1988. Nonhunting mortality in the sandhill crane. *Journal of Wildlife Management* 52:260–263. (Cólera, el botulismo y micotoxinas fueron las causas principales de muerte entre las 170 aves silvestres.)

Zickafoose, J. 2008. Love and death among the cranes. *Bird Watcher's Digest* 21(2):92–99.

Grulla Blanca

Ackerman. J. 2004. "No mere bird." Cranes. *National Geographic* 205(4):39–55.

Allen, R. P. 1952. *The Whooping Crane*. New York: National Audubon

Society, Research Report No. 3. (Una monografía clásica sobre la grulla blanca, Allen es bien conocido por los ornitologos, sus trabajos son los primeros clásicos.)

Allen, R. P. 1956. A report on the whooping crane's northern breeding grounds. A supplement to the Research Report No. 3. New York: National Audubon Society.(Narra las primeras búsquedas de la anidación de las grullas.)

Armbruster, M. J. 1990. Characterization of habitat used by whooping cranes during migration. Washington, DC: U.S. Dept. of Interior, Fish & Wildlife Service Biological Report 90(4):1–16.

Austin, J. E., and A. L. Richert. 2001. A comprehensive review of observational and site evaluation data of migrant whooping cranes in the United States, 1943–99 Jamestown, ND: Technical Report, Northern Prairie Research Center. 157 pp. (Un resumen de más de 1.000 observaciones de grullas migratorias que utilizan la ruta de migración Buffalo Aransas-Wood.) www.npwrc.usgs.gov/resource/birds/wcdata/pdf/wcdata.pdf.

Austin, J. E., and A. L. Richert. 2005. Patterns of habitat use by whooping cranes during migration: Summary from 1977–1999 site data evaluation. Pp. 79–104, *in* F. Chavez-Ramirez (ed.), *Proceedings of the Ninth North American Crane Workshop,* North American Crane Working Group. Sacramento, California.

Beilfuss, R 2013. Water for whoopers is water for all. *ICF Bugle* 39(2):1-2. (Estatus de la protección del agua para la cuenca del río Guadalupe.)

Bishop, M. A. 1984. The dynamics of subadult flocks of whooping cranes wintering in Texas, 1978–79 through 1982–83. M. S. thesis, Texas A & M University, College Station.

Chavez-Ramirez, F., and R. D. Slack. 1999. Movements and flock characteristics of whooping cranes wintering on the Texas coast. *Texas Journal of Science* 51(1):3–14.

Chavez-Ramirez, F. 2004. Whooping cranes in Nebraska: Historical and recent trends. *The Braided River* 20:1–9.

Chavez-Ramirez, F., and R. D. Slack. 1999. Movements and flock characteristics of whooping cranes wintering on the Texas coast. *Texas Journal of Science* 51(1):3–14.

Conover, A. 1998. Fly away home. *Smithsonian* 29(1):62–70. (Los esfuerzos por establecer la población de grullas que migran entre migratoria Wisconsin y Florida.

Doughty, R. W. 1989. *Return of the Whooping Crane.* Austin, TX: University of Texas Press. (Un relato popular de los esfuerzos de conservación de la grulla blanca).

Drewien, R. C., and E. Kuyt. 1979. Teamwork helps the whooping crane. *National Geographic* 155(5):680–692.

Ellis, D. H., G. F. Gee, K. R. Clegg, J. W. Duff, W. A. Lishman, and W. J. L. Sladen. 2001. Lessons from the motorized migrations. Pp. 139–144, *in* D. H. Ellis (ed.). *2001. Proceedings of the Eighth National Crane Workshop,* Albuquerque NM. Seattle, WA: North American Crane Working Group.

Ellis, D. H., J. C. Lewis, G. F. Gee, and D. G. Smith. 2001. Population recovery efforts of the whooping crane with emphasis on reintroduction efforts: Past and future. Pp. 142–150 *in* D. W. Stahlecker (ed.), *Proceedings of the Sixth North American Crane Workshop,* Regina, Sask. Grand Island, NE.: North American Crane Working Group. See https://www.savingcranes.org/proceedings-of-the-sixth-north-american-crane-workshop-1992.html. (Resume los experimentos de formación en grullas, gansos y cisnes que migran siguiendo aviones o vehículos terrestres. Posteriormente, estas aves no migran, sino que siguen sus propias rutas y pueden perder el destino.)

Folk, M. J.,.S. A. Nesbitt, S. T. Schwikert, J. A. Schmidt, K. A. Sullivan, T. J. Miller, S. B. Baynes, and J. M. Parker. 2005. Breeding biology of re-introduced non-migratory whooping cranes in Florida. pp. 105–109, *in* F. Chaves-Ramirez (ed.), *Proceedings of the Ninth National Crane Workshop,* North American Crane Working Group. Sacramento, California. (Grullas criadas en cautiverio y lentamente liberadas, se han reproducido con éxito en Florida, como parte de un esfuerzo por establecer una bandada autosostenible de 25 parejas reproductoras.)

Gil-Weir, K., and P. A. Johnsgard. 2010. The whooping cranes: Survivors against all odds. *Prairie Fire*, Sept., 2010, pp. 12, 13. 16, 22. http://www.prairiefirenewspaper.com/2010/09/the-whooping-cranes-survivors-against-all-odds . (Describe la estructura de la población y las relaciones familiares entre grullas blancas).

Hartup, B. 2012. Whooping cranes of the 60th parallel. *The ICF Bugle* 38(4):1-2.

Horwich, R. H. 2001. Developing a migratory whooping crane flock. pp. 85–95, *in* D. H. Ellis, (ed.), *Proceedings of the Eighth National Crane Workshop,* Albuquerque NM. Seattle, WA: North American Crane Working Group. (Historia del desarrollo de la migración Wisconsin–Florida. Para información más reciente, consulte el siguiente URL : www.operationmigration.org ; www.savingcranes.org y www.bringbackthecranes.org .)

Howe. M. A. 1989. Migration of radio-tagged whooping cranes from the Aransas-Wood Buffalo population: patterns of habitat use, behavior and survival. Washington, D.C.: U.S. Fish and

Wildlife Service Report 20:1–20. In Urbanek, R. P. and D. W. Stahlecker (eds.), *Proceedings of the Seventh North American Crane Workshop*. Grand Island, NE: North American Crane Working Group.

Johns, B. W.2005. Whooping cranes: The Canadian connection. *The Braided River* 21: 1–5.

Johns, B. W., J. P. Gossen, E. Kuyt, and L. Craig-Moore. 2005. Philopatry and dispersal in whooping cranes. Pp. 117–125, *in* F. Chaves-Ramirez (ed.), *Proceedings of the Ninth National Crane Workshop,* North American Crane Working Group. Sacramento, California. (Grullas blancas muestran un alto nivel de filopatría al sitio- natal)

Johnsgard, P. A. 1982. Whooper recount. *Natural History* 91(2):70-75 http://digitalcommons.unl.edu/biosciornithology/19 . (Tendencias de la población de grullas blancas.)

Johnsgard, P. A., and R. Redfield. 1977. Sixty-five years of whooping crane records in Nebraska. *Nebraska Bird Review* 45:54–56. http://digitalcommons.unl.edu/johnsgard/9

Johnson, A. S. 1987. Will Bosque's whoopers make it? *Defenders* 62(1): 20-27. (Las amenazas a las Grullas por la caza, las colisiones con tendidos eléctricos, y el cólera aviar.)

Johnson, K. A. 1982. Whooping crane use of the Platte River, Nebraska – History, status and management recommendations. Pp. 33–44 *in* J. C. Lewis (ed.), *Proceedings 1981 Crane Workshop,* National Audubon Society, Tavernier, Florida.

Kuyt, E. 1987. Whooping crane migration studies, 1981–82. Pp. 371–379, in G. W. Archibald and R. F. Pasquier, *Proceedings of the 1983 International Crane Workshop*, Bharatpur, India. Baraboo, WI: International Crane Foundation.

Kuyt, E. 1992. Aerial radio-tracking of whooping cranes migrating between Wood Buffalo National Park and Aransas National Wildlife Refuge. Ottawa: *Canadian Wildlife Service Occasional Papers.* 53 pp. (Migración de otoño requiere un promedio de 50 días. Parejas reproductoras completaron la migración de primavera en tan sólo 10 a 11 días. 700 a 800 kilómetros en los días favorables, o 435 a 490 millas; volaron de 9 a10 horas diarias.)

Kuyt, E. 1993. Whooping crane, *Grus americana,* home range and breeding range expansion in Wood Buffalo National Park, 1976–1991. *Canadian Field-Naturalist* 107:1–12. (La población reproductora aumentó de15 a 33 parejas reproductoras entre 1970 y 1991, con la mayoría de las pioneros anidaron al sur. Las áreas de acción de 13 parejas promediaron 4,1 kilómetros cuadrados, o alrededor de 1,6 millas cuadradas).

Kuyt, E., and P. Oossen. 1987. Survival, sex ratio, and age at first breeding of whooping cranes in Wood Buffalo National Park, Canada. Pp. 230–244, in J, C. Lewis (ed.), *Proceedings of the 1985 Crane Workshop*. Grand Island, Nebraska: Platte River Whooping Crane Habitat Maintenance Trust and U.S. Fish and Wildlife Service.

Lewis, J. C. 1993. Whooping crane. *The Birds of North America. No. 153*. Philadelphia: The Academy of Natural Sciences, and Washington, DC: The American Ornithologists' Union. 28 pp. (Una cuenta técnica de la especie, con cerca de 100 referencias).

Lingle, G. R., G. A. Wingfield and J. W. Ziewitz. 1991. The migration ecology of whooping cranes in Nebraska. Pp. 395–401 *in* J. Harris (ed.), *Proceedings of the International Crane Foundation Workshop*, 1–10 May, 1987, Qiqhar, People's Republic of China.

Lingle, G. R., K. J. Strom, and J. W. Ziewitz. 1986. Whooping crane roost site characteristics on the Platte River, Buffalo County, Nebraska. *Nebraska Bird Review* 54:36–39.

McNulty, F. 1966. *The Whooping Crane: The Bird That Defies Extinction*. New York: E. P. Dutton. (Un relato popular a principios de los esfuerzos de conservación de la grulla blanca).

Mueller, T, R. B. O'Hara, S. J. Converse, R. P. Urbanek, and W. F. Fagan. 2013. Social learning of migratory performance, *Science* 34:1999–1002. (El aprendizaje social de las aves adultas reduce la desviación del camino en línea recta, con siete años de experiencia, produciendo una mejora del 38% en la precisión migratoria.)

Nesbitt, S., M. J. Folk, K. A. Sullivan, S. T. Schwikert, and M. G. Spalding. 2001. An update of the Florida whooping crane release project through June 2000. Pp. 62–72, *in* D. H. Ellis (ed.), *Proceedings of the Eighth National Crane Workshop,* Albuquerque NM. Seattle, WA: North American Crane Working Group.

Olsen, D. L., D. R. Blankinship, R. C. Erickson, R. Drewien, H. D. Irby, R. Lock, and L. S. Smith. 1980. Whooping crane recovery plan. Washington, D.C.: U.S. Fish and Wildlife Service.

Pittman, C. 2003. Making whoopee. *Smithsonian* 33(10):92–95.

Richert, A. L. 1999. Multiple scale analyses of whooping crane habitat in Nebraska. Ph.D. dissertation, University of Nebraska–Lincoln, Lincoln, NE. (Véase también Austin y Richert, 2001.)

Smith, E. 2012. Texas drought challenges whooping crane conservation. *ICF Bugle* 37(4):6.

Stahlecker, D. W. 1997. Availability of stopover habitat to migrating whooping cranes in Nebraska. Pp, 132–140.

Stap, D. 1998. A population reinstated: Establishing a new population of whooping cranes in central Florida improves the prospects for the birds' long-term survival. *Audubon* 100(4):92–97. (Describe los primeros esfuerzos de restablecimiento, con las aves no migratorias criadas en cautiverio.)

Stehn, T. 2011. Whooping crane update. *ICF Bugle* 37(4):7. (En 2011, había 278 aves en la población Wood Buffalo - Aransas, 115 en Wisconsin - Florida, 20 aves no migratorias en Florida, 24 en Louisiana, y 162 en cautiverio.)

Temple, S. A. 1978. *Endangered Birds: Management Techniques for Preserving Threatened Species.* Madison: University of Wisconsin Press. (Reproducción-cruzada de grullas blancas.)

Thoemke, K, W., and P. M. Prior. 2004. A crane called Lucky: A major milestone in the reintroduction of whooping cranes to Florida. *Living Bird* 23(1):28–35.

Turner, M. 1989. Trouble at Aransas. *Defenders* 64(3):30–34.

Zamorski, S. 2011, Whooping cranes return to Louisiana! *ICF Bugle* 37(2):8. (Esfuerzos de reintroducción para restaurar una población extirpada.)

Zimmerman, D. R. 1975. *To Save a Bird in Peril.* New York: Coward, McCann & Geoghegan. (Un relato popular de los esfuerzos de conservación de la grulla blanca).

Zimmerman, D. R. 1978. A technique called cross-fostering may help save the whooping crane. *Smithsonian* 9(6):62–63.

Las Grullas del Viejo Mundo

Archibald, G. W., and R. F. Pasquier (eds.). 1987. *Proceedings of the 1983 International Crane Workshop*, Bharatpur, India. Baraboo, WI: International Crane Foundation.

Beilfuss, R. D, T. Dodman, and E. K. Urban. 2007. The status of cranes in Africa in 2005. *Ostrich* 78:175–184.

Beilfuss, R., D., and K. Morrison. 2012. A new dawn in Rwanda. *ICF Bugle* 38 (3):1-3. (Grulla coronada gris.)

Britton, D., and T. Hayashida. 1981. *The Japanese Crane: Bird of Happiness.* Tokyo: Kodansha International.

Gopi Sundar, K. S. 2011. Changing Conservation Climates: Sarus cranes, rainfall and new laws in India. *ICF Bugle:* 37(4):1–2. (Mejores lluvias mejoran la reproducción, y las parejas con los territorios que tienen más humedales tuvieron más éxito).

Harris, J. (ed.), 1991. *The Cranes of China.* Proceedings of the International Crane Foundation Workshop, 1–10 May, 1987, Qiqhar, People's Republic of China.

Harris, J. 2011a. The last place for Siberian cranes: A Seven Rivers story. *ICF Bugle* 37 (2):1-2.

Harris, J. 2011b. Spirit of the marsh; Another Seven Rivers story. *ICF Bugle* 37(1):1–2. (Grulla japonesa.)

Healy, H. 2011. A vision for cranes in a divided Korea. *ICF Bugle* 37:1-3.

Johnsgard, P. A. 2002. A chorus of cranes. *Zoonooz* 65(5):6–11. (Una explicación general de las grullas del mundo, especialmente las especies más frecuentemente observadas en los zoológicos.)

Lewis, J. C., and H. Masatomi (eds.). 1981. *Crane Research Around the World.* Baraboo, Wisconsin: International Crane Foundation. Proceedings of International Crane Symposium, Sapporo, Japan, 1980.

Masatomi, H. 1989. International censuses on wintering cranes in East Asia, 1987–88. International Crane Research Unit in Eastern Asia, Bibai, Japan.

Mathiessen, P. 2001. *The Birds of Heaven: Travels with Cranes.* New York: North Point Press. (Un relato de la observación de las grullas de Asia con pinturas de Robert Bateman.)

Prange, H. 2005. The status of the common crane *(Grus grus)* in Europe—breeding, resting, migration, wintering and protection. Pp. 69–77, in F. Chavez–Ramirez (ed.), *Proceedings of the Ninth National Crane Workshop,* North American Crane Working Group. Sacramento, California. (Cerca de 100.000-160.000 grullas estaban migrando a través de Europa occidental a partir de 2000 a 2001.)

Von Treuenfels, C. A. 2006. *The Magic of Cranes.* New York: Harry Abrams.

Zimmerman, D. R. 1981. A fragile victory for beauty on an old Asian battleground. *Smithsonian* 12(7):57–65. (Los esfuerzos de conservación de grullas en Corea.)

VIII. Sitios web fuentes de información sobre las grullas

Aransas National Wildlife Refuge (Austwell, Texas):
http://www.fws.gov/southwest/REFUGES/texas/aransas/

Bernard W. Baker Sanctuary (Bellevue, Michigan):
http://www.bakersanctuary.org/

Bosque Del Apache National Wildlife Refuge
(Socorro, New Mexico):
http://www.fws.gov/southwest/refuges/newmex/bosque/

Environment Canada (Whooping crane information):
http://www.pnr-rpn.ec.gc.ca/nature/endspecies/whooping/index.en.html

Environment Canada (Whooping crane migration):
http://www.mb.ec.gc.ca/nature/endspecies/whooping/index.en.html

International Crane Foundation (Baraboo, Wisconsin):
http://www.savingcranes.org/'

Lillian Annette Rowe Sanctuary (Gibbon, Nebraska):
http://www.rowesanctuary.org/

Majestic and Endangered Whooping Cranes:
http://raysweb.net/specialplaces/pages/crane.html.

Mississippi Sandhill Crane National Wildlife Refuge (Gautier, Mississippi): http://www.fws.gov/mississippisandhillcrane/

Necedah National Wildlife Refuge (Necedah, Wisconsin): http://www.fws.gov/refuges/profiles/index.cfm?id=32530

North American Crane Working Group: http://www.nacwg.org/

Operation Migration: http://www.operationmigration.org/

Patuxent Wildlife Research Center (Laurel, Maryland): http://www.pwrc.usgs.gov/birds/

Platte River Recovery Implementation Program (Kearney, NE & Denver, CO); http://www.platteriverprogram.org

The Crane Trust
(previously The Platte River Whooping Crane Habitat Maintenance Trust, Wood River, Nebraska): http://www.cranetrust.org/

West Coast Crane Working Group: http://www.wccwg.nacwg.org/

Whooping Crane Conservation Association: http://www.whoopingcrane.com/

Whooping Crane Eastern Partnership (WCEP): http://www.bringbackthecranes.org/

Wood Buffalo National Park (Alberta & N.W. Territories, Canada): http://www.pc.gc.ca/pn-np/nt/woodbuffalo/index

www.ingramcontent.com/pod-product-compliance
Lightning Source LLC
Chambersburg PA
CBHW031203270326
41931CB00006B/389

* 9 7 8 1 6 0 9 6 2 0 5 4 7 *